给孩子的
编程
思维课

秦曾昌◎著

湖南科学技术出版社

·长沙·

©中南博集天卷文化传媒有限公司。本书版权受法律保护。未经权利人许可，任何人不得以任何方式使用本书包括正文、插图、封面、版式等任何部分内容，违者将受到法律制裁。

图书在版编目（CIP）数据

给孩子的编程思维课 / 秦曾昌著. -- 长沙：湖南科学技术出版社, 2025.6. -- ISBN 978-7-5710-3504-4

Ⅰ. TP311.1-49

中国国家版本馆CIP数据核字第2025YJ7404号

上架建议：畅销·少儿科普

GEI HAIZI DE BIANCHENG SIWEIKE
给孩子的编程思维课

著者：秦曾昌

出 版 人：潘晓山			
责任编辑：刘 竞		策划出品：李 炜 张苗苗	
策划编辑：蔡文婷		特约编辑：张丽静	
营销支持：付 佳 杨 朔 刘子嘉		封面设计：主语设计	
版式设计：霍雨佳			

出　　版：湖南科学技术出版社
　　　　　（湖南省长沙市芙蓉中路416号　邮编：410008）
网　　址：www.hnstp.com
印　　刷：北京嘉业印刷厂
经　　销：新华书店
开　　本：700 mm × 980 mm　1/16
字　　数：143千字
印　　张：14.5
版　　次：2025年6月第1版
印　　次：2025年6月第1次印刷
书　　号：ISBN 978-7-5710-3504-4
定　　价：58.00元

若有质量问题，请致电质量监督电话：010-59096394　团购电话：010-59320018

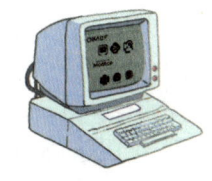

序言
编程思维,我们变聪明的绝招!

说起编程,你可能最先想到的是程序员坐在电脑前面敲代码的样子。确实,这就是大多数人对"编程"的想象。不过,我要告诉你的是,编程最重要的其实并不是写出一行行代码,而是"编程思维"。

什么是编程思维呢?编程思维就是一种把一个问题转化成另一个问题,并且把它解决掉的思考方式。这么说可能有些抽象,我举个例子:

你一定在数学课上学过面积的计算方法吧。通过一些面积公式,我们可以计算长方形、三角形和圆形的面积。如果我在纸上画一只大熊猫,想请你计算一下这只大熊猫所占的面积,你会怎么办呢?

或许你会问:秦老师,有没有大熊猫的面积公式啊?这样的公式并不存在,你要计算大熊猫所占的面积,就需要利用编程思维,把这个问题转化成另一个问题。你可以想象一下,如果在纸上均匀地撒一层大米粒,大熊猫上面覆盖的米粒的数量,一定跟这只大熊猫的面积有某种关系——如果这只大熊猫的面积占这张纸全部面积的一半,那么大熊猫上面覆盖的那一层米粒的数量也应该是纸面上米粒总数的一半。

这时候,我们就把求大熊猫面积的问题,转化成了弄清楚大熊猫上覆盖了多少米粒的问题。

这就是编程思维中的一个核心思想——问题转化思想。而我给你举的这个例子,也是一种特别常见的编程算法,叫作蒙特卡洛算法。有一个很厉害的人工智能程序叫 AlphaGo,它下围棋胜过了人类中最厉害的棋手。AlphaGo 的思考方法就跟蒙特卡洛算法有关。

除了下围棋,编程思维在生活中的应用还有很多。在后续的章节中,我会通过 30 个故事,让你学会 12 种思维方式和 10 种解决问题的办法。

现在,高中信息技术课的课本里已经加入了人工智能的相关知识。中小学虽然还没有统一的教材,但很多学校也都开设了人工智能课程,说不定你所在的学校已经有这样的课了。

当然,开设人工智能课程并不是为了把大家都培养成人工智能专家。在我们这个时代,人工智能已经进入了生活的方方面面,了解人工智能技术及其背后的基本原理可以拓宽我们的科技视野,为未来做好准备。

再比如,现在好多手机软件都有图片识别功能,只要上传一张植物的照片,手机软件就能告诉你这是什么树或者什么花。它是怎么知道的呢?还有很多软件自带美颜功能,可以把你的眼睛变大,在脑袋上加两个猫耳朵,或者把腿拉长。那手机软件怎么知道哪里是眼睛,哪里是脑袋的呢？

其实这些都属于人工智能研究的一个领域，叫作机器学习。科学家们会教计算机认识各种各样的东西，可是计算机没有我们这样的大脑，它的学习跟我们的学习有什么不同呢？我在后面的章节里会详细讲述。

读完这本书，你不但能学会运用身边的高科技工具，还能知道它们背后的原理，成为生活中的科技小达人。所以我不是直接教你怎么写代码，而是教你什么是编程思维。写代码以后可以慢慢学，但即使不会写代码，编程思维也一样可以让你受益终身。

这本书中不仅有很多干货知识，还有很多有趣的故事，让你边看故事边学知识。比如在后面，我们会学习人形机器人相关的知识。假如有一天，我们身边混入了一台邪恶的人形机器人，它长得和真人一模一样，却暗中想要统治全人类，让我们给它当奴隶。那么，我们该怎么把它揪出来，拯救世界呢？快到这本书里寻找答案吧！

最后，我要感谢所有为这本书的出版辛勤付出的人，尤其是田达纬老师，是他帮我把一些晦涩的学术思想用有趣的例子表达了出来。感谢"少年得到"为本书录制了音频课，也感谢秦永熹小朋友给了我一些灵感。祝愿所有的青少年朋友在未来都能与智能机器做朋友，一起造福人类社会。

目录 CONTENTS

第一章
最简单的编程史

01 **什么是编程**
800多年前人类就开始编程了？ ◦ 2

02 **通用模型思维**
"计算机之父"为啥被当成骗子？ ◦ 10

03 **问题转化思维**
"人工智能之父"如何终结战争？ ◦ 17

第二章
教你思考的编程思维

04 问题转化思维
手机怎么给我们"美颜"？。26

05 归纳法和演绎法
教计算机认识小狗。33

06 抽象思维
看影子就能测量金字塔的高度。40

07 二进制
计算机连数字2都不认识。48

08 逻辑运算
计算机怎么分析问题？。54

09 概率思维
Siri能"听懂"你说的话吗？。61

10 无监督学习
计算机也能上"自习"？。68

11 图灵测试
怎样找出身边的机器人间谍？。74

12 反图灵测试
怎么证明自己不是机器人？。82

13 结构化思考
人机大战的首次对决。89

14 模仿
人机大战，计算机偷学绝招。97

15 模块化思维
为什么餐馆里的服务员不炒菜？。104

第三章
解决生活难题的编程算法

16　蒙特卡洛
怎样用一把大米计算圆周率？。**112**

17　并行计算思维
用最短时间炒鸡蛋。**118**

18　量化思维 + 权重思维
怎么选班长最公平？。**125**

19　预想极端情况
2038 年世界会毁灭吗？。**132**

20　灰度测试
计算机程序会杀人？。**140**

21　聚类分析
《红楼梦》的作者究竟是谁？。**146**

22　类比思维
大自然中的编程高手。**154**

23　基于对象的编程
用建档案的思路造汽车。**161**

24　搜索引擎
通往互联网世界的魔法之门。**168**

25　推荐算法
谁是最了解你的人？。**175**

4

第四章
人工智能的未来

26　知识图谱
计算机可以当大学教授吗？。**182**

27　辩证思考
战争机器人靠谱吗？。**189**

28　信息安全
黑客是怎么偷走你的压岁钱的？。**196**

29　拆分问题
自动驾驶汽车为什么还没有普及？。**203**

30　乌鸦智能
人工智能的未来。**211**

第一章

最简单的编程史

01

什么是编程

800多年前人类就开始编程了?

▫ 编程到底是什么?

听到这个问题,你可能会觉得好笑:这个问题太简单了,编程不就是用电脑写出一行行代码,然后做出一个小程序或者小游戏嘛。如果你已经学过编程,甚至已经尝试着用代码创造自己的小游戏了,你可能会这么想。

但这本书会告诉你,编程并不只是写一行行代码那么简单。编程是要告诉机器,在什么时候做什么样的事情。

你可能注意到了,我说的是"机器"而不是"电脑"。这是因为,编程并不一定要靠电脑。实际上,早在电脑出现之前,人们就已经开始编程了。可没有电脑怎么编程呢?这就要说到编程的起源了。

第一章
最简单的编程史

编程的起源

现在提起编程的起源这件事,一般来说,都会追溯到 800 多年前。当时,在阿拉伯帝国,有一个聪明又能干的发明家,名叫伊斯梅尔·艾尔—加扎利。他发明了很多有意思的小物件,其中最有名的是一条可以漂浮在水面上的小船。

你可能会说,这有什么了不起的,谁不会折小纸船呢?但加扎利的这条小船可厉害了,船上坐着一位国王和几位贵族,他们正在开宴会。在船的角落里还坐着四位"音乐家"——两位负责打鼓,一位负责弹竖琴,还有一位负责吹笛子,他们演奏着动听的音乐,但这些"音乐家"都不会说话,也不会喝酒,因为他们都是木头人。那么问题来了,木头人是怎么演奏音乐的呢?

其中的秘密和八音盒有关。你有没有玩过八音盒呢,只要给八音盒上好发条,它就能发出清脆的音乐声。八音盒的核心零件是一个金属圆柱,上面有很多小凸起。金属圆柱旋转起来后,上面的小凸起就会像手指一样,按照一定的规律拨动八音盒里的琴键。音乐就这样响起来了。

看到这里,你想到加扎利是怎么做的了吗?

没错,加扎利在船里安装了一个八音盒,其内部也有一个类似的金属圆柱,并且金属圆柱上面的小凸起是活动的,能取下来

重新安装,改变位置。这样一来,木头音乐家就能演奏出不同的音乐了。右边这张图画的就是加扎利的音乐船。最左侧的就是四位音乐家,在他们的座位下面就是那根神奇的金属圆柱。

加扎利的音乐船

像这样事先设置好琴键拨动的顺序,让机器在特定的时间发出特定的声音,就是最早的编程。可惜的是,加扎利并没有把这种想法延伸到别的领域,这种制作技巧也很快失传了。后来,一代又一代的发明家又各自独立地想出了很多编程的方法。其中对我们今天影响最大的,是一个叫霍尔瑞斯的人的发明。

霍尔瑞斯的发明

赫尔曼·霍尔瑞斯是个美国人。那时候的美国遇到了一个大难题。这个大难题来自美国的一个传统:每隔十年要进行一次全国人口大普查。这是一项非常重要的工作,可不是数数全国有多

第一章
最简单的编程史

少人那么简单，还要弄清楚每个人是否识字，是否有疾病，是否干过什么坏事，等等。

那时统计这些数据只能靠人工。随着美国的人口越来越多，人口普查统计工作的难度也越来越大。1890年的那次大普查收回来的问卷多达一千多万份。普查办公室主任既高兴又忧愁。高兴当然是因为他为国家收集到了重要的数据，忧愁是因为这么一大堆数据，很难处理。

要知道，当时所有的统计工作都靠人手工完成。如果每天统计一百份问卷，那这一千多万份问卷需要二百七十多年才能统计完！就算找上三十个人帮忙，也要花上九年多的时间才能统计完。

事实上，十年前也就是1880年那次大普查的数据，就用了九年的时间才算出来。每十年做一次的人口普查，要花九年才能统计出结果，这意味着这些数据刚一出炉就过时了。这就好比你到了四年级期末考试的时候，才交出三年级的暑假作业。碰到这种情况，老师大概也只能朝你翻个白眼了吧。

更糟糕的是，1890年的人口普查得到的数据更多，要花的时间更长。人们议论纷纷，说普查办公室工作能力不行，没有金刚钻硬揽瓷器活，不知道天高地厚。

可是，人口普查是一项了解国家基本情况的重要统计工作，无论如何都要完成。但硬做的话又实在太慢，这可怎么办呢？普

查办公室主任在1890年人口大普查开始之前就宣布：如果有谁能够又快又好地统计数据，我就把这个活安排给谁干。钱管够，饭管饱！

危难之际总有英雄出现，这次，一个小伙子站出来了，他就是霍尔瑞斯。霍尔瑞斯发明了一种新机器"打孔卡片制表机"。它有点像打印机，把一摞摞打了孔的卡片塞进去，统计结果就自己出来了。

这台机器到底靠不靠谱呢？普查办公室特地举办了一场比赛，让霍尔瑞斯和其他拍胸脯保证能解决问题的人一同比试。霍尔瑞斯果然大获全胜，他只花了半天就交卷出场了，而他的对手们最快的也忙活了两天才交出答卷！毫无疑问，霍尔瑞斯赢了，拿下了这单大生意。

那么，霍尔瑞斯的机器究竟是怎么做到的呢？说来也简单，靠的只是在卡片上打孔。比如，你是一位十一岁的男性公民，就只需要在卡片上的"性别"栏底下表示"男性"的位置打一个孔，再在"年龄"栏的"十一岁"下边打一个孔。那么，这两个孔就是表示：你十一岁，是个男性。

如果把这个方法讲给你的爸爸妈妈听，他们一定会觉得这个方法非常熟悉。他们参加过的一些考试，答题时就会做类似的事情：用铅笔在特制的答题卡上把要选择的选项涂黑。这样的答题

方法跟霍尔瑞斯的机器几乎是一样的。

一张卡片就代表了一个人，等所有人的卡片都打完孔了，再把它们全都塞进机器里。机器就会读出小孔代表的信息，再把它们加起来。这样，全美国有多少个男性，有多少人十一岁，就全都计算出来了。

靠着这台机器，工作人员只用了两年半的时间就完成了1890年那次人口大普查的数据统计。从此，美国的人口普查告别了手工计算时代，迎来了机器计算的新时代。霍尔瑞斯也因此赚得盆满钵满。后来他开了一家公司专门做这个生意。这家公司就是现在大名鼎鼎的IBM公司的前身。IBM公司特别重要，在后面的章节中我们还会遇到它。

听到这里你可能会疑惑，打孔跟编程有什么关系呢？

其实，打孔就是一种编程！正如前面所讲，编程是要告诉机器，在什么样的时候做什么样的事情。霍尔瑞斯在卡片上打孔，就是创造了一种让机器能听懂的语言，让它知道该记录什么数据，并且完成统计任务——这当然就是在编程。

只不过现在的编程只要敲敲键盘、点点鼠标就能完成。相比之下，霍尔瑞斯的编程方法则费力多了。由于此前霍尔瑞斯把全部家底都用来搞发明了，根本没钱雇人在卡片上打孔，他只好亲自上阵。一天给几百张卡片打孔，从白天忙到深夜，打孔打得胳膊都肿了，抬都抬不起来。所以，那个时代的编程完全就是重体力活啊！

后来，霍尔瑞斯发明了打孔机，用机器帮人打孔就省力多了。最初霍尔瑞斯的机器只能统计人口数据。人口数据统计完，岂不是无事可做了？这可不行。于是霍尔瑞斯又搞出来一项新发明：在机器上加装一个设备，让它也能统计别的数据，诸如卫生数据、商业数据等，样样都行！

通用模型思维

"计算机之父"为啥被当成骗子?

编程就是告诉机器,在什么时候做什么样的事情,以及该怎么做。我要特别强调,这句话里说的是"机器",而不是计算机。我们之前认识的两位发明家——伊斯梅尔·艾尔—加扎利和赫尔曼·霍尔瑞斯,也都与计算机无关。

下面我们即将认识的这位大科学家倒是和计算机密切相关——有些人认为他是"计算机之父"。只不过,他发明的机器跟我们今天的计算机不太一样。他那台机器有多厉害,解决了什么难题呢?你往下看就明白了。

天才科学家查尔斯·巴贝奇

这位科学家的名字叫查尔斯·巴贝奇。巴贝奇小时候充满了

第一章
最简单的编程史

好奇心，尤其是对各种机械，他喜欢把玩具、闹钟拆个稀巴烂。许多人小时候也都这样做过，但很可能拆完就装不回去了，或者装是装回去了但多出了许多零件。巴贝奇在这方面就显得极有天分，他拆完任何东西都能原模原样地装回去。

查尔斯·巴贝奇

除了在机械方面表现出过人的天赋之外，巴贝奇还是一个实打实的数学天才。他轻轻松松就考进了剑桥大学三一学院，大名鼎鼎的牛顿就是从这里毕业的。但就算在这么厉害的地方，巴贝奇也常常感到老师的水平不如自己。

后来，巴贝奇通过自学成了剑桥大学的数学教授，但他可不是一个普通的数学教授，而是拥有一个特别的头衔——这个头衔在同一时间只能属于一个人，大名鼎鼎的物理学家牛顿、霍金，都曾经拥有过这个头衔。

更厉害的是，巴贝奇还通过自己的数学知识和机械知识拯救了无数人的生命——因为他改进了"数学用表"。

数学用表里记录了一些特殊计算的结果。当你在计算中遇到

这些特殊计算时，翻一下数学用表就能直接知道结果。我们熟知的九九乘法表就是一种简单的数学用表，而在航海以及天文观测领域，还会用到很多复杂的数学用表。

不过，当时这些数学用表都是人工计算出来的，难免会出错。你的九九乘法表背错了影响可能不大，顶多写错几道作业题，可航海时用的表要是出错，那轮船的航线都会出错，很可能导致海难，是会出人命的。

巴贝奇想，人会不小心算错，但机器不会，不如用机器代替人工进行计算。不过这些复杂的数学运算，当时的计算器可做不了。巴贝奇就自己造了一台能做这种复杂计算的机器，叫差分机。

巴贝奇先是造了一台功能简单的差分机。它表现得非常好，做出来的数学用表几乎没有错误。巴贝奇大受鼓舞，开始尝试做一台真正的、完全符合自己想象的差分机。英国政府也出钱支持他造机器。

可是造着造着，巴贝奇觉得不对劲了。差分机的精度要求太高，有些零件精度误差甚至不能超过 0.03 毫米，比一根头发丝还细，这在当时根本做不到。英国政府资助了巴贝奇好多钱，结果钱快花完了，却还没见到差分机的影子。英国政府忍无可忍，停止了资助。

巴贝奇的梦想算是彻底破灭了，他甚至被当成了骗子，名誉扫地。有意思的是，在 150 多年后的 1991 年，人们按照巴贝奇的方法制造出了一台真正的差分机。巴贝奇并不是骗子，只是他生活的时代还无法实现他的想法罢了。

继续说回巴贝奇，差分机造不出来，可他并没有闲着，又开始琢磨另一件厉害的东西——分析机。今天所有的计算机都和它有关。

分析机——计算机的前身

巴贝奇想，之前的差分机只能拿来做一种数学计算，而且还要花那么多钱，实在太不划算了，我能不能造一台可以完成多种计算的机器呢？他想到，机器虽然是固定的，但他可以往机器里插入不同的"卡"，在这些卡上提前打好孔，这有点像我们前面讲过的打上孔的卡片。这些孔记录着规则，告诉机器该怎么工作。这样一来，只要换不同的卡，机器就能干不同的工作。巴贝奇的这个想法引起了一位女性数学家的兴趣，她叫埃达·洛芙莱斯。

埃达·洛芙莱斯

第一章
最简单的编程史

她觉得这个想法棒极了，这样的机器不光能做数学计算，还可以在各个方面为人们提供帮助。她甚至写了一些可以给分析机用的程序。埃达写的这些程序和今天的计算机程序有不少相似之处，所以很多人把埃达称为世界上第一位程序员。顺便说一句，她还是英国著名的浪漫主义诗人拜伦的女儿。

虽然埃达很重视分析机，但分析机却根本造不出来——它比差分机还要复杂。巴贝奇只完成了分析机的一小部分。现在，这一小部分还在伦敦科学博物馆里，如果你有机会去那里，可以亲眼看一看这台机器。

在巴贝奇之后，还有很多人以类似的思路，制造了一些有意思的机器。比如，被尊称为"人工智能之父"的艾伦·麦席森·图灵，就设计过一种叫"图灵机"的机器——用一条打着孔的纸条让机器知道接下来要做什么任务。这个想法是不是和巴贝奇的分析机很像？

无论是图灵机还是分析机，核心思想都是制造一台通用的

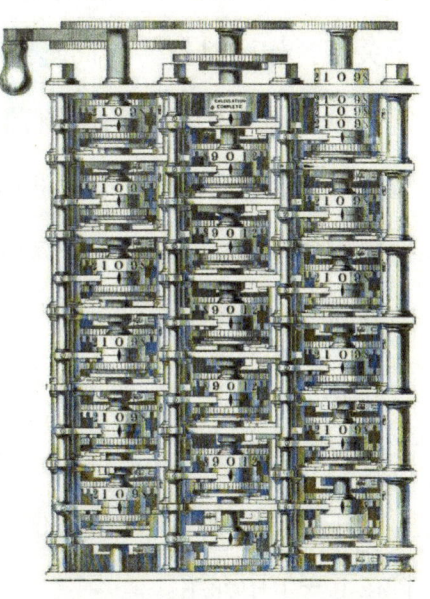

查尔斯·巴贝奇设计的差分机原型的一部分

15

机器，根据放入的程序完成不同的任务，人们把这种计算机叫作"通用式计算机"。我们今天用的手机、电脑都是通用式计算机，只要点开不同的程序，就能完成不同的任务。

通用模型思维

这种建立通用模型的方法特别有用，在日常学习中活用这种方法，将对你的学习提供强有力的帮助。比如，数学应用题有很多种，我们不可能把所有的题目都记住，这时候我们就可以建立模型。

当然了，我们不可能建立一个适用于所有数学题的模型。但没关系，你可以给一些同类型的题目建模型，比如，你可能经常会碰到与年龄相关的问题，对这一类问题就可以建立一个模型——无论谁比谁大、谁比谁小，都想办法计算出他们的年龄差，这样你就可以举一反三了。同样的，你还可以建立追及问题模型、间隔问题模型等等。

刚刚我们提到了图灵机，它只是图灵提出的一种数学模型，并没有真的被造出来。但是，图灵真的造出过一个机器，而且它实实在在地改变了历史的走向。到底是什么厉害的机器呢？我们将在下一节中介绍。

03

问题转化思维

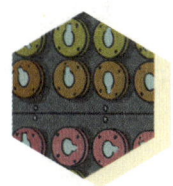

■ "人工智能之父"如何终结战争?

图灵机只是图灵的设想,并没有被制造出来。不过,图灵制造了另一台很厉害的机器,而且挽救了无数人的生命。那台机器是用来破译密码的。

"破解密码"像是侦探小说里的情节,这和编程有什么关系呢?两者的关系大着呢,听我讲完图灵的故事,你就明白了。

▫ **密码战**

故事要从 1939 年说起。那一年,纳粹德国入侵邻国波兰,第二次世界大战爆发了!弱小的波兰根本没办法抵抗强大的德国,迅速沦陷。

英国人开始担心起来,德国闪击波兰,那接下来会往哪里打呢,

战火会不会烧到自己身上？于是整个国家又是动员军队，又是制造武器，还有人在报纸上大骂德国，制造舆论。英国上上下下一片忙乱。

这时候，一群数学家悄无声息地搬进了伦敦乡下的布莱切利庄园。他们可不是来度假的，而是接受了政府的秘密任务，在这里破译德军的密码。外人不知道，甚至这些数学家自己也不知道，他们即将创造奇迹，改变历史的走向。图灵就是这一群数学家当中的佼佼者。

图灵

打仗不是要靠将军和士兵吗，怎么会轮到图灵和他的数学家同事们呢？

因为打仗可不只是将军和士兵们打打杀杀，还有许多其他事情。比如，最重要的一件事——军队与军队之间联络。古代打仗时依靠人骑马，八百里加急传送军令。到了二战时期，已经有了无线电，人们可以用无线电传递军令。那速度比骑马不知道快了多少倍。不过，无线电虽然很快，却有一个致命的缺点——它就像一个大喇叭，发出的信号朝着四面八方传播，不光自己的军队能接收到信息，敌军也可以。

18

那该怎么办呢？这就需要进行"加密"了。简单来说，就是靠密码，用一套特殊的规则加密信息，敌方就算截获了信息也只能看到乱七八糟的字母，只有自己人知道破解的规则。

最古老的加密技术——恺撒密码

其实，在有无线电之前，人们就已经开始给信息加密了。虽然骑马传递信息并不会出现"大喇叭"那样的效果，但传递信息的人有可能会被敌人抓住。所以，早在2000多年前，古罗马的恺撒大帝就在军队中使用加密法传递命令了。

恺撒的做法很简单，他把单词里的每个字母，都改写成在它后边第三位的字母。比如：把A写成D，把B写成E。到了X呢，就顺延下去写成A，Y和Z就写成B和C。这样，每个字母都被新的密码字母替代了。狗的英文单词是dog，这个词用恺撒密码来写就是grj。光看到这三个字母，谁都不会把它跟dog联系在一起。当然了，你也可以不顺延三位，而是顺延一位、两位，或者十位、二十位，都行。

在古代，认识字的人本来就不多，用恺撒密码加密的信息对那时的人们来说更是天书了。所以，这样的密码在当时非常安全。可如果掌握了这种规律，破解恺撒密码就不算什么难题了。你就

算不知道它改写的规则,多试几次也能破解。所以,渐渐地恺撒密码就不再安全了。

后来,人们又想到了更好的主意,不是简单地移动顺序,而是随便挑一个字母,替代原来的字母。比如,用 X 来代表 A,C 代表 B,W 代表 C,等等。这样一来,加密方式可就足足有约 4.0329146×10^{26} 种,比宇宙里星星的总数的 1000 倍还多。有那么多可能性,这种密码应该非常安全了吧?

然而,道高一尺,魔高一丈,它还是有漏洞。你在写英文单词的时候,肯定也有注意到,有的字母很常用,有的字母却不常用。你可以观察一下一个用了很久的键盘,会发现 A、D、E、T 这几个键可能都磨花了,而附近的 Q 和 Z 却还很新。很明显,前面那几个字母我们经常会敲到,而 Z 和 Q 却很少用。

如果我们截获了敌人加密的军令,就可以看看哪些字母出现得最频繁。比如说在一段密码里,Q 和 T 出现得最频繁,那它俩很可能指代的就是 A 和 E。把这两个字母带进去,就可以一步步尝试得到答案了!

这个地方就体现了一个非常重要的编程思维原则——"问题转化思维"。虽然直接弄清楚每个单词的意思很难,但我们可以把这个问题转化成"每个字母出现的频率"。这就把破解密码变成了一个数学问题,我们只要让机器数一数每个字母出现了几次,然后根据每个字母出现的频繁程度试几次，问题就能轻松解决了。

恩尼格码机

那么，就没有更好的加密方法了吗？德国人想到了一个办法：如果每加密一个字母，就换一套新的密码表，然后再加密下一个字母，这样字母原来出现的频率就会被打破，自然就无法靠统计频率破解了。

这个方法确实很厉害！但在古代，这属于异想天开。因为每写一个字母就换一个密码表，那密码表会变成一本超级厚的书，拿着不方便就算了，自己人解开密码也要花上好几个小时，可能密码还没破解战争就结束了，根本不实用。

但在第二次世界大战时，情况就不一样了。虽然还没有计算机，但人们已经学会了编程，只要制造一台机器，然后告诉机器，每加密一个字母就换一套密码表。这样一来，机器就能完成这件复杂的事情了。而

恩尼格码机

破译密码的时候，只要把这个过程倒过来就行了。

当时，德国人真的造出了一种这样的机器，叫"恩尼格码机（Enigma machine）"。"Enigma"在德语中是"谜"的意思，所以也有人把它称作"谜机"。如果把它所有的加密方式一种一种列出来，写成一本书，每页纸上写一种，光是这本书的页数，就会达到以亿亿为量级，而且根本无法用前面说的统计频率的方法破解。

在当时，图灵面对的就是这样可怕的加密方法。幸好图灵既是天才，也是一个意志坚定的人。经过一次次尝试，他终于发现了一个漏洞！

机器虽然是完美的，但是人有弱点。图灵发现，在已经破译的密码里，德军会经常使用一些固定的词语，比如德国人喜欢在每天早上6点钟发送一条天气预报，在这条电报的开头肯定会包含德语中的天气这个词——wetter。

于是，每天接到密码的时候，图灵就会先蒙一个答案，也就是先假定这段密码中的某一个词就是wetter。如果蒙对了，那么这6个字母就被破译出来了。原来以亿亿为量级的可能性，现在缩减到了100万种。

但就算缩减到了100万种，用人力也是破译不了的。因为德国人一天就会换一套新的密码，如果花了一天以上的时间才破译出来，也是无用的。

好在图灵跟同事们研制出了一种密码破译机——"炸弹机",机器出的题还得靠机器来解。这台机器只需要花1个小时左右的时间就能破译敌军的密码。

正是因为图灵和他的同事们破译了德军的密码,才让二战提前结束,他们拯救了成千上万人的生命。二战结束后,为了守护国家安全,庄园里的所有人都保守着秘密。直到20多年后,人们才知道图灵他们曾经改变了整个世界的历史走向。

2

第二章 教你思考的编程思维

04

问题转化思维

┗━ 手机怎么给我们"美颜"?

你用过手机软件的"美颜"功能吗?把照片导入能够处理照片的软件,一键就能让它自动变美。有些相机软件还自带美颜功能,直接一拍,脸上的瑕疵、皮肤的颜色都能自动处理。

不过,你有没有想过一个问题,软件是怎么知道哪儿是眼睛,哪儿是嘴唇,哪儿是鼻子的呢?如果分不清楚这些部位,又是怎么给照片"美颜"的呢?

其实,即使分不清楚这些部位,只要能识别颜色,软件就可以给照片"美颜"。这就要用到我们在上一章中提到的"问题转化思维"。

首先,我想请你观察家里的电脑或电视的屏幕。如果你凑近看,就会发现,屏幕是由一个个小格子组成的,这些小格子就叫"像素",你可以把它理解成构成图像的要素。

第二章
教你思考的编程思维

你家的电视机有可能是 4K 的,电脑屏幕也可能是 4K 的,这里的 4K 就跟像素有关。你要是拿着放大镜一格一格地数 4K 屏幕上的像素,最后会发现,在它横着的方向上的像素有接近或等于 4096 个,这就是 4K,K 在这里是千的意思。

有了这些像素,屏幕就能把图像显示出来了。不过,这些像素还有一个小秘密,就算你用放大镜观察可能也发现不了。那就是,每个像素还可以分成 3 小格——一格红色、一格绿色、一格蓝色。

这 3 个小格子发出的光,决定了屏幕上显示出来的颜色,也是让计算机"看见"东西的关键。

相信你在美术课上学过,把不同颜色调和在一起就能得到新的颜色。屏幕能显示不同的颜色也是同样的原理。比如:红光加绿光,就变成了黄光;红光加蓝光,就是紫光;红光、绿光、蓝光掺一起就成了白光。

而且,如果两种光不一样亮,也就是它们的亮度之比不是 1∶1∶1,而是 1∶2∶1、1∶3∶2 等等,那混合出来的颜色就又不一样了。调整每个像素里 3 格不同颜色的亮度,屏幕就可以显示更多的颜色了。

这个过程倒过来,就是计算机"看见"颜色的方法。这牵扯到了我们前面说过的"问题转化思维"——我们要把每种颜色都转化成数字。

问题转化思维，让计算机"看见"颜色

具体来说，现在的屏幕一般都会把最高亮度设置成数字255，而把最低的亮度设置成0。如果亮度为0，那就相当于黑色。这样，从0到255，红、绿、蓝每种颜色都分出了256种亮度。

3种颜色以不同的亮度排列组合起来，一共可以得到1670多万种颜色，用这么多的颜色来表现人眼所看到的世界，那可真的是绰绰有余了！而且，这1670多万种颜色里的每一种，我们都可以给它一个数字编号。比如某种颜色由亮度为150的红光，亮度为200的绿光和亮度为150的蓝光调和而成，它的编号就是（150，200，150）。

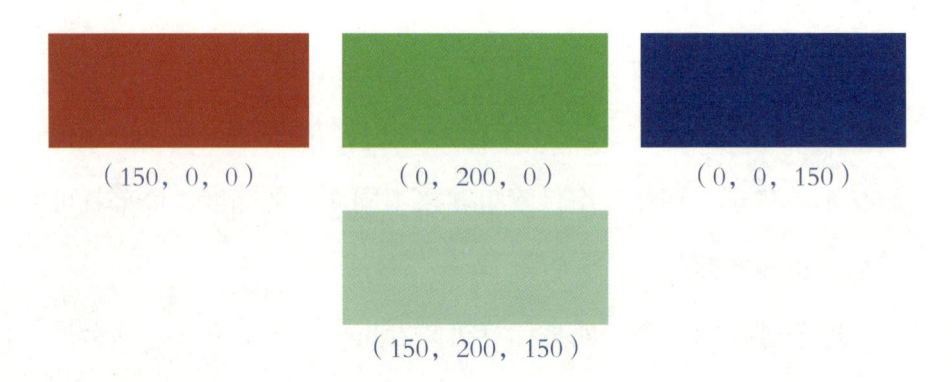

（150，0，0）　　（0，200，0）　　（0，0，150）

（150，200，150）

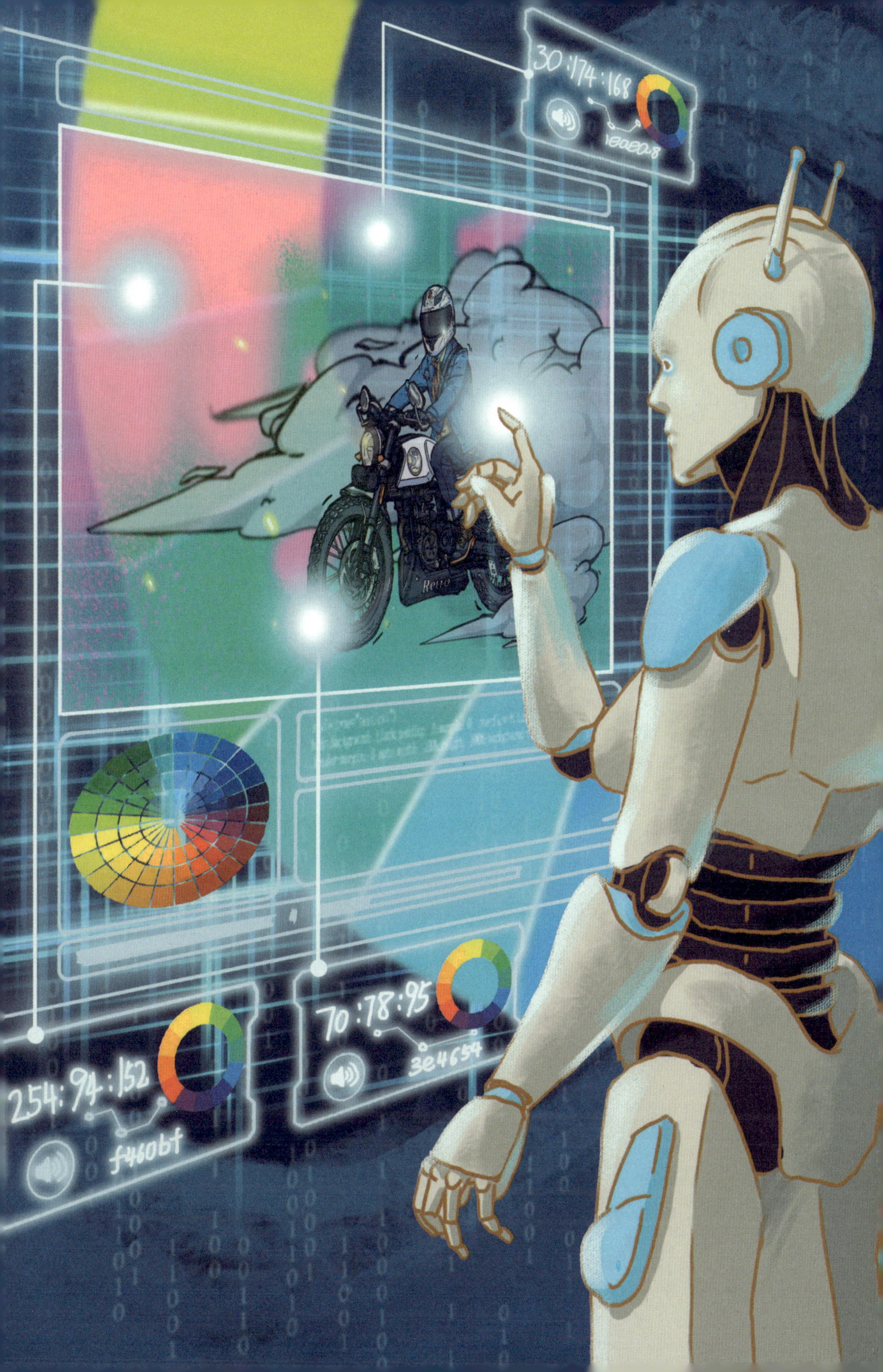
30:174:168
1eaea8
254:94:152
f460bf
70:78:95
3e4654

用数字编号表示颜色有什么好处呢？这就是"问题转化思维"的妙用，计算机虽然看不懂颜色，但它认识数字。通过这种方法，我们可以把任何一种颜色变成一串数字，这样计算机就可以处理照片了。

当然，一张照片上一般不会只有一种颜色。没关系，我们可以把照片上的每一个像素的颜色都变成一串数字，这样在计算机"眼"中，一张照片就成了密密麻麻一大团数字。这样，计算机就能看懂照片，对照片进行处理了。也就是说，你能随心所欲地给照片"美颜"了！

那么，"美颜"的时候，计算机又是怎么做的呢？

计算机是怎么"美颜"的？

在计算机"眼"中，一张照片就是一大团数字。计算机科学家会先告诉计算机，哪一团数字代表眼睛，哪一团数字代表鼻子，哪一团数字代表腿，等等。这样一来，计算机虽然看不见照片，但也能对照片进行操作了。

就用去掉脸上的瑕疵这一操作为例，假设你的脸上长了一个小小的黑点，正好占据一个像素的位置。在这个黑点的周围，则是一大片平滑没有瑕疵的像素——这当然就是你光滑的皮肤。

那怎么把这个黑点去掉呢？有一个简单的方法是"取平均数"。我们假设，这个黑点用数字表示是（0，0，0）——完全是黑的，但是它周围的像素却很亮，看起来很白，计算机就可以把它和周围几个像素的亮度取平均值。这样一来，小黑点的亮度就提高了，整体看起来就是瑕疵变得不明显了。在美颜程序里，还有其他五花八门的工具，比如把腿拉长、把脸变小等，这都离不开颜色的数字化。

更有意思的是，在照相机刚刚发明，像素的概念还没有出现的时代，世界上就已经存在修改照片的技术了。

那是在大约100年前的美国，当时交通还不是很发达，有很多人一辈子也没旅游过几次。于是，人们就制作了很多明信片售卖。这些明信片上印着各地风景名胜的照片，虽然人没有去，但是买了明信片就相当于自己去旅游过了。不过，有些地方没有好风景，就算把照片制作成明信片，也没有多少人买。那该怎么办呢？

有一位聪明的摄影师想到了一个办法，能把家乡表现得特别美好：我们这里有跟人一样大的洋葱，跟马一样大的母鸡，鸡蛋的个头也十分巨大！

这可能吗？当然不可能。其实，摄影师拍了两张照片——一张是背景照，一张是凑近了洋葱、母鸡和鸡蛋拍的特写照。两张照片拍出来之后，把洋葱、母鸡和鸡蛋的部分剪下来，跟另一张背景照拼接在一起，再把它们拍进新的照片里。只要注意细节的处理，修改后的照片简直能以假乱真！

这件事说起来简单，但在当时，绝对算得上是一种艺术创作，整个美国也就只有两名摄影师创作的夸张作品比较出名。现如今，照片处理技术已经是人人必备的技能了。你看，把图像转换成数字，给我们的生活带来了很大的便利，对吧？

计算机没有眼睛，也没有人类的大脑，它们无法看见我们的世界。但是，科学家们利用编程思维里的"问题转化思维"，把画面转化成了一个个小小的像素，然后又把各种颜色的像素转化成了计算机能够看懂的数字，这样一来，计算机就能和我们一样"看见"世界了。而且，现在的计算机不光能看见世界，科学家也在教它们辨认照片里的猫、狗、汽车和飞机等。

05

归纳法和演绎法

教计算机认识小狗

上一节，我们理解了计算机是怎么看懂颜色，怎么从颜色上为照片进行美颜的。这一节，我们来聊聊计算机是怎么思考，怎么辨认我们的眼睛、鼻子、嘴巴的。

计算机不仅能看懂颜色，进而给我们"美颜"，还能识别五官，辨认眼睛、鼻子、嘴巴等部位。你可能听说过一些能分辨动物或植物的软件，只要用手机拍照，软件就能告诉你照片上的花花草草，或者小狗、小猫的品种。还有些购物软件，能直接识别出照片里的物品，帮你找出许多和它相似的商品。

那你有没有想过，软件是怎么分辨出你拍摄的对象的呢？万一你家的狗长得特别像拖把，计算机还能分辨出来吗？在辨认的时候，它又是怎么思考的呢？

首先，我必须告诉你，以我们现在的技术，并不能造出一颗真正有思考能力的大脑，我们只能让计算机简单地模仿我们思考问题的方式。所以，要搞清楚计算机是怎么思考的，必须先了解我们人类是怎么思考的。

思考这件事每天都在发生，比如想一道数学题，想妈妈晚上会做什么好吃的，等等。虽然思考的事情种类千差万别，但是我们思考的方式大致可以分为两种：归纳法和演绎法。

归纳法

先说归纳法，简单来说，就是总结规律。

如果我问你苹果是什么颜色的，你可能会说红色、黄色或者绿色。你是怎么知道的呢？其实你在不知不觉间用了归纳法。

假如你去水果店买水果，发现店里所有的苹果都是红色或黄色的，你就会根据看到的情况做出一个假设，苹果都是红色或黄色的。

那这个假设对不对呢？你可以去其他水果店验证，要是看到的苹果也都是黄色或红色的，那说明这个假设可靠。

可是有一天，你去别的水果店，发现还有绿色的苹果。这时前面的假设就不对了，但这会不会是水果店老板的恶作剧，故意把苹果涂绿的呢？

这时候，你就要带着"苹果还有绿色的"这个假设，去别的水果店验证，如果发现其他水果店里也有，那就说明这应该不是恶作剧，你对苹果颜色的认识也就增加了。

万一哪天你又看见了一颗紫色的苹果呢？就继续用这个办法去确认，不断完善自己的结论，这就是归纳法。

那计算机也能总结规律并做出判断吗？当然可以，假设我们现在要设计一个软件，用来识别你拍到的小动物是不是狗。你之前见过许多动物，早就知道什么样的动物是狗了，但软件从没见过，该怎么办呢？

按照上面的思路，我们可以收集大量狗的照片，让软件自己去"看"。看完之后，软件自己能总结出一套规律。下次再看到新的照片时，软件就可以按照自己总结出的规律进行判断了。

当然，为了保证软件能够总结出靠谱的规律，你也要给它提供足够全面的狗狗照片，哈士奇、金毛、柯基等等，要应有尽有。听起来有点麻烦对吧？

但是这还没完，软件自己发现的规律有可能是错的，这时我们又该怎么办呢？

别着急，你可以回忆一下，在总结苹果颜色的时候，还有一个特别重要的环节，那就是去别的水果店里验证一下，一旦发现新的颜色的苹果，我们就要调整之前的假设，这样我们总结出的规律才靠谱。

对软件来说也是如此,如果你想让软件自己总结出靠谱的规律,不光要给它看足够多的照片,还要在它做出判断后告诉它正确与否,好让它不断调整自己的判断方法,变得越来越可靠。

看到这里,相信你也能理解我们上一节提出的问题了。计算机是怎么识别拍摄对象的?

没错,科学家们会给先给软件"看"大量的照片,并且告诉它哪些地方是眼睛,哪些地方是嘴巴。然后拿新的照片给软件"看",让软件做出判断,如果对了,那当然最好;如果错了,科学家们就会告诉软件正确的答案,软件会调整自己的判断方法。随着"看"的照片越来越多,它识别得也就越来越准确了。

演绎法

除了归纳法,还有一种思考方式叫演绎法。演绎法就是你先给计算机定一个判断标准,再让它用这个标准去做判断。

我们还是以狗狗识别软件为例。你可以告诉计算机狗有四条腿,这个"狗有四条腿"就成了它的判断标准,两条腿的鸡鸭、六条腿的蚂蚁、八条腿的蜘蛛,在它看来都不是狗。

但你要是拿一头牛的照片给它看,牛也是四条腿,那么软件

第二章
教你思考的编程思维

会觉得这也是狗。这就得出了错误的结论。

那该怎么办呢？很简单，我们可以继续告诉软件：狗有四条腿，但是体形并不大，体重大概 5~20 千克，头上没有犄角，同时还会汪汪叫。

加上这些判断标准，软件就能判断得更准确了。当然，你还可以把所有品种的狗的特征都告诉它，描述得越详细，软件判断得也就越准确。

但是，狗狗的种类太多了，但凡少说一点，软件都有可能得出错误的结论。比如，如果你忘了告诉它柯基的特征，它可能就会把柯基当成别的动物，因为在它看来柯基的腿太短了。

了解了归纳法和演绎法之后，我们就可以设计出"聪明"的程序了。另外，在了解了这两种思考方式之后，我还想请你思考一个问题。

你或许会抱怨在学校里每天都要学那么多知识，能不能不学呢？那么，现在你有新的看法了吗？

当我们运用演绎法的时候，需要有一个靠谱的前提，这个前提可不是天然长在你脑子里的，而是需要你不断学习新知识才能获得的。而且你学到的知识越多，你进行演绎推理的结果也就越准确。

37

归纳法也是如此。你可能觉得归纳法不就是找规律吗？学那么多知识有什么用呢？

举例来说，给你1和2两个数字，让你猜接下来的数字是几。假如你只学过加减法，你或许只能做出一种假设：后面的数字是3。但如果你学了乘法，你还能做出另一种假设，$1×2$等于2，所以这个数字还有可能是$2×2$，也就是4。而等你上了高中，学习完指数函数后，还可以找到其他假设。所以尽管面对的是相同的东西，但我们掌握的知识越丰富，能做出的假设越多，就越有可能找到正确的规律。

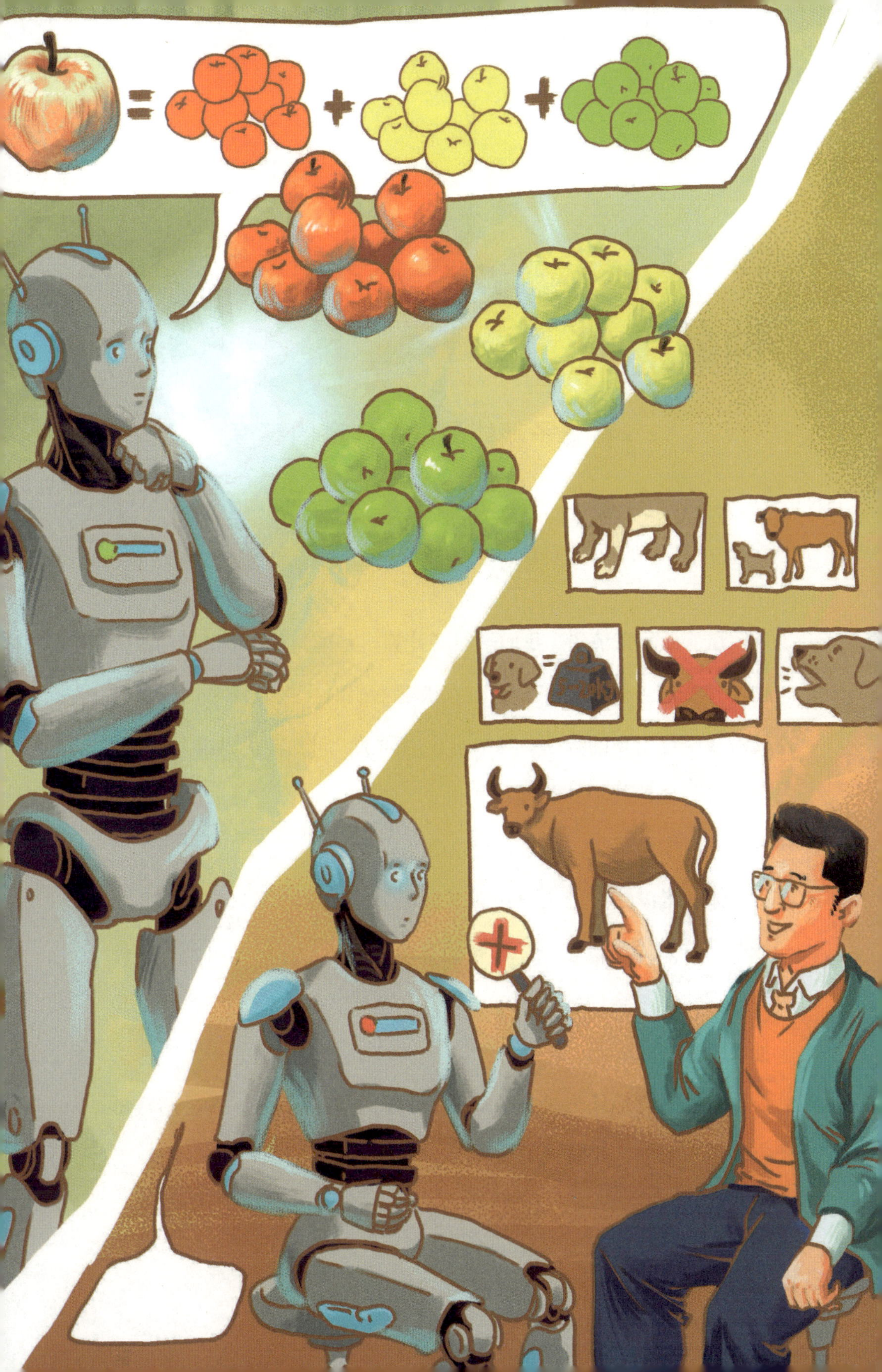

06

抽象思维

看影子就能测量金字塔的高度

在前面的章节里,我们学习了计算机是如何"看"世界的——把图片变成一大团数字,还有在破解密码时,把破译单词的意思转换成字母出现的频率。其中不止用到了"问题转化思维","抽象思维"也是其中的关键。

或许你会认为,抽象是把东西变成数字。

你说得没错,但是只说对了一部分。抽象并不只是把东西变成数字这么简单,它是一种特别有用的思想,在后面讲到的各种编程算法里都会经常用到。所以这一节中,我会专门讲解什么是抽象思维。

为了搞清楚什么是抽象思维,我们先来认识一下古希腊数学家、哲学家毕达哥拉斯吧。

第二章
教你思考的编程思维

毕达哥拉斯与"万物皆数"

据说，毕达哥拉斯的父亲是一位特别有钱的商人，所以毕达哥拉斯年轻的时候，能到处旅游。不过，他可不是去玩乐的，而是为了学习其他地区先进的科学知识和文化的。几何、音乐、天文还有各种各样的宗教知识他都学过。

学够了知识，毕达哥拉斯就四处演讲，传播自己的想法。早在 2500 多年前，毕达哥拉斯就提出地球是个大圆球。这一点在现代的我们看来是常识，但在那个年代却是一种让人惊讶的说法。那时候的人们并不知道地球长什么样，相关说法更是千奇百怪。有人认为地球就是个大平面，天就像个碗一样扣在地球上；还有人认为地球是一个大乌龟，人们都站在乌龟的背上。

毕达哥拉斯怎么知道地球是个大圆球的呢？理由说出来你可

毕达哥拉斯

能不信，因为毕达哥拉斯认为，球形是自然界中最完美的形状，因此地球必须是球形的。

这个理由可能让你有点失望，但是毕达哥拉斯的这个说法里，有一个特别重要的思维方式，那就是抽象思维。

简单地说，抽象思维就是提取出一个东西的本质属性。对毕达哥拉斯来说，讨论地球形状的时候，地球上的水、空气、小动物等都不重要，这些信息都可以忽略，他只关注地球的形状。

其实，在生活中你也经常在用抽象思维。比如，量身高的时候，胖瘦并不重要，所以我们可以把自己的身高抽象成一段线段的长度；再比如，看地图的时候，我们只想知道自己在哪里，眼睛、胳膊、腿等元素都不重要，我们可以把自己抽象成地图上的一个点。这都是抽象思维。

当然，抽象思维不止能抽象出图形，还可以抽象出数字。而且，毕达哥拉斯这个人把数字抽象发挥到了极致。他曾经创办过一个学术流派，就叫毕达哥拉斯学派，这个学派坚信"万物皆数"。他们认为，任何东西都可以抽象成数字。假设你们班一共有30位同学，那可以用数字30来表示你们这个班；森林里有几棵树也可以用数字表示；一个苹果切成三份，每一份都可以用分数1/3来表示。

你看，通过抽象思维，毕达哥拉斯学派能把所有东西都抽象成数字或几何图形。这么做有什么好处呢？

举例来说，假如有5只猫，每只猫吃了3条鱼，它们一共吃了多少条鱼呢？你脑海中浮现的，肯定是5乘3等于15，对吧？你肯定不会去想象5只猫，再想象它们吃鱼的样子，然后一条一条数，这也太麻烦了。

在想这个问题的时候，你就把猫和鱼抽象成了数字。现在你可能觉得这个问题太简单了。但其实，这种抽象思维的能力可不是天生就有的。科学家发现，这种能力要经过一定的练习才能掌握。你其实是在不知不觉间练习过了，而且你可能发现了，这种思维方式，跟你做数学应用题时的思路是一样的。没错，数学课上的应用题，就是在锻炼你的抽象思维能力。

抽象思维可不只能帮你做数学题，它还能实实在在地解决现实生活中的问题。

抽象思维在生活中的妙用

毕达哥拉斯的老师泰勒斯，也是一位特别厉害的哲学家和数学家，他就用抽象思维解决过一个大难题。

你肯定知道埃及金字塔吧？古埃及人虽建造了宏伟的金字塔，却难以精确测量其高度。金字塔的边都是倾斜的，人们无法用尺子直接测量它的高度。那该怎么办呢？

泰勒斯没有去爬金字塔，而是站在太阳下，让人测量自己影子的长度。随着太阳的移动，影子的长度也会不断变化。等影子的长度和自己的身高一样的时候，泰勒斯就赶紧让人拿尺子量出金字塔影子的长度。这样就得出了金字塔的高度。

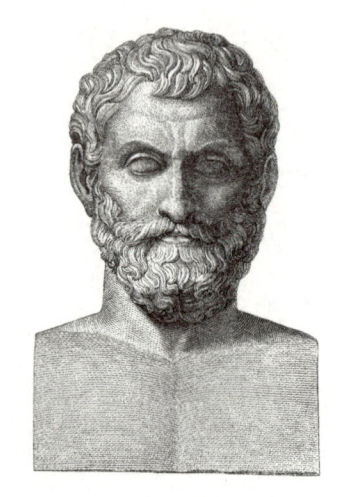

泰勒斯

你看，他用的其实就是抽象思维。首先，他把自己的身高、影子的长度还有金字塔的高度都抽象成了一条线段的长度。当自己影子的长度等于身高的时候，金字塔影子的长度肯定也等于它的高度。靠着抽象思维，泰勒斯测量出了金字塔的高度，是不是很巧妙？你也可以试着用这个方法测量你家小区里的树或者路灯的高度。

虽然抽象思维是个特别有用的思维方式，但毕达哥拉斯学派在"万物皆数"这一点上做得有点过头了。他们实在是太崇尚数学了，甚至把数学当成了一种信仰。如果现实和他们的信仰相冲突，他们便无法接受。

比如，毕达哥拉斯学派里有一个学生发现了一个奇怪的数字。

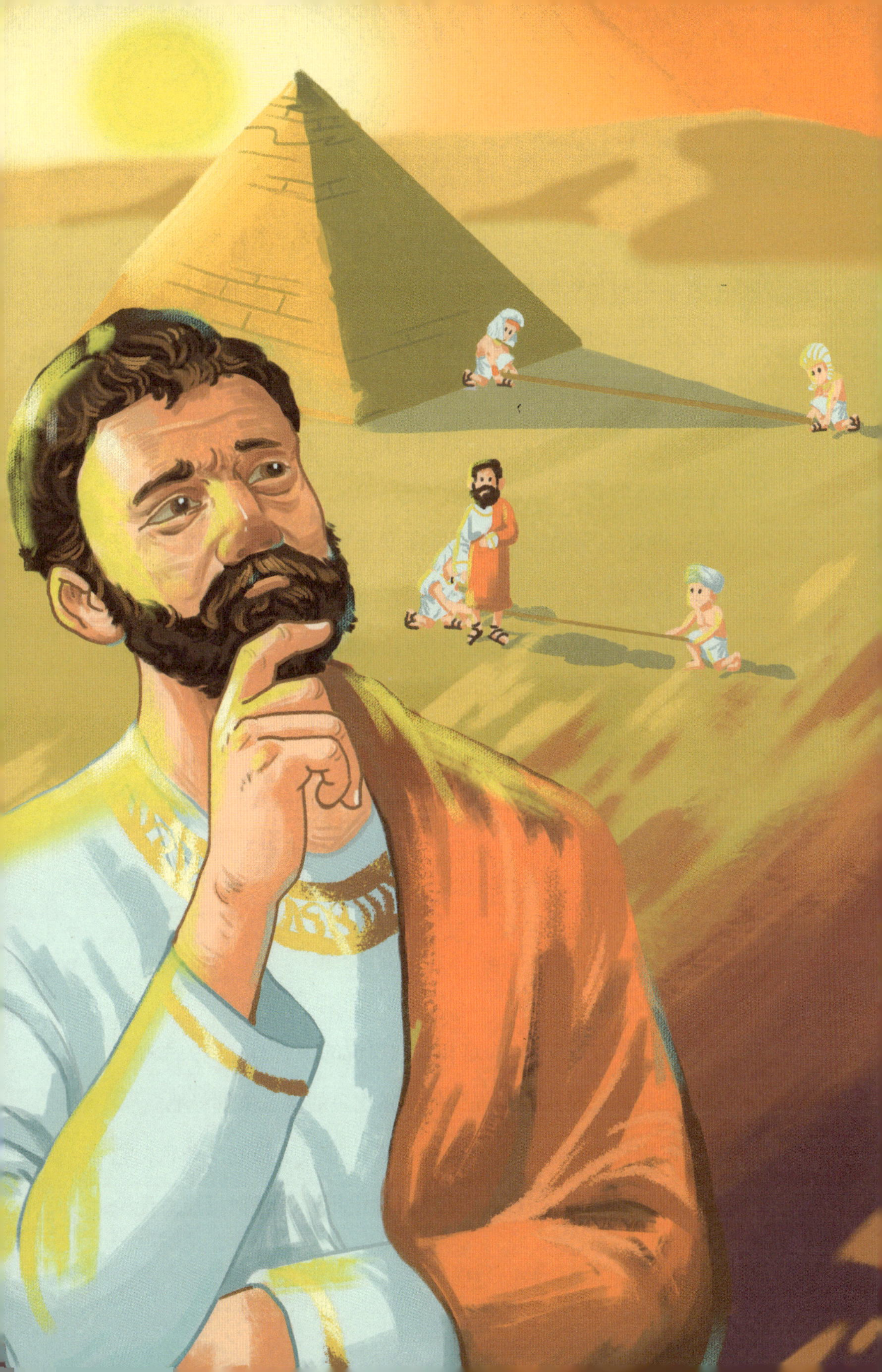

拿尺子在纸上画一个边长为10厘米的正方形，然后画出它的对角线，并量出对角线的长度——比14厘米长，却又不到15厘米。

是不是尺子的精度不够，量不出准确的长度呢？

其实不是的，无论精度多小的尺子，都量不出它的长度，而且，这个长度用分数也无法表示。这种奇怪的数字叫作无理数，也就是"无法理解的数字"。

但在2000多年前，毕达哥拉斯学派的人都没见过这种奇怪的数字，不是说"万物皆数"吗？怎么搞出了这么一个既不是整数，也不是分数的东西，难道说我们的信仰错了？他们想了个好办法——把发现无理数的学生处死，这下"万物皆数"的信仰又保住了。

不过话说回来，"万物皆数"的抽象思维仍然具有重要意义，它启发人们超越具体事物，用数学语言去描述世界。

抽象思维是我们和计算机交流的基础

听到这里你肯定要问了，这和我们要说的编程有什么关系呢？当然有了，我们还是用前面提到的小猫吃鱼的例子来解释吧。

假如你跟计算机说，有100只小猫，每只小猫吃5条鱼，它们一共要吃多少条鱼？这时，计算机肯定不会有任何反应。无论

第二章
教你思考的编程思维

你怎么给它解释小猫、小鱼，它都"听"不懂。它唯一能"听"懂的是你抽象出来的数字，100 和 5。另外，计算机也不知道"一共要吃多少条鱼"是什么意思，你也必须把这句话抽象成一个计算方法，在这里显然就是乘法。

而且，我们前面把图片上的颜色抽象成数字，把字母抽象成频率，也都是为了让计算机或者机器能"看"懂，进而进行处理。如果不进行抽象，计算机压根听不懂命令。可以说，抽象思维是我们和计算机交流的基础。

07 二进制

计算机连数字 2 都不认识

计算机只能看懂数字构成的信息，因而，运用抽象思维把各种各样的东西都抽象成数字，是编程思维的基础。不过，这并不意味着计算机认识所有的数字。你可能想不到，计算机其实只认识 0 和 1，而 2 以后的数字，它一个也不认识。

计算机是怎么数数的？

平时你数数的时候，肯定是 0、1、2、3、4……这样一直数到 9，然后进一位变成 10 的。接着 11、12、13……继续数下去。这个数法每到十就往前进一位，所以被叫作十进制。我们平常数数或者做数学题，用的都是十进制。这也比较好理解，人类有 10 根手指头，掰手指头数数比较方便嘛。

但是，计算机用的就不是十进制了，而是二进制。它只认识 0 和 1 两个数字。计算机数过 0、1，到了第三个，没有数字可用了，该怎么办呢？

想想看，在十进制里碰到这种情况，我们是怎么做的。没错，向前进一位。二进制也一样，数到 1 没有数字可用了，也往前进一位，变成 10，虽然 10 写出来跟我们平时看到的十进制里的 10 一样，但在计算机里，此"10"非彼 10，而是二进制里的 2。相应地，二进制里的 3，写出来就是 11。

十进制 VS 二进制

今天你用的各种软件、玩的各种游戏都是建立在一大串 0 和 1 的基础上的。或许你会好奇，计算机为什么要用这么奇怪的计数方法呢？跟我们一样用十进制不行吗？

还真不行。这件事要从 300 多年前讲起，而且这背后还有一段跟中国有关的"八卦"。

最开始研究二进制的人叫莱布尼茨，他是个可以跟牛顿比肩的厉害人物。莱布尼茨在 1679 年首次提出了二进制的算术体系。

当时，欧洲派了很多传教士（传教士就是到处向外宣传宗教的人）来中国，其中有些传教士是莱布尼茨的朋友。有一次，他

给一个传教士朋友写信,信里就提到了自己新发明的二进制。这个传教士来到中国以后,对中国文化逐渐有了些了解。他看到莱布尼茨发明的二进制非常惊讶,这个二进制跟中国的某样东西有点像。这个东西,就是八卦。

这里的八卦可不是"八卦新闻"里的八卦。八卦最初是一组以"☰(乾)、☵(坎)、☶(艮)、☳(震)、☴(巽)、☲(离)、☷(坤)、☱(兑)"为基础的符号系统。八卦图中,每一个图案就是一卦,每一卦都由三条线组成。每条线包含着两种情况:要么中间是连着的,要么中间是断开的。

如果我们把断开的线当成数字"0",连续的线当成数字"1"。那么,每一卦都可以变成一个由 0 和 1 组成的数字串。比如"乾"卦是三根连续的线,那就是"111";"坤"卦由三根断开的线组成,就是"000"。

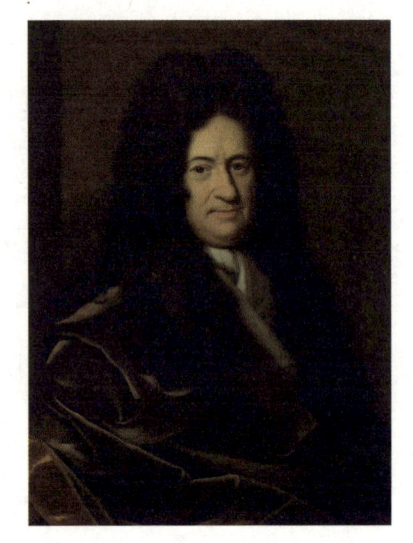

莱布尼茨

八卦图

第二章
教你思考的编程思维

其他六卦，你可以自己试着转换一下。

你看，古代的中国人，无意中也产生过跟二进制类似的思想。莱布尼茨知道这一点后非常高兴，还把这个发现写进了论文里。不过，当时的科学界并不是很在意这个发明，很多人都觉得二进制没有什么用。

这个问题，或许当年的莱布尼茨反驳不了，但是今天，我们可以帮他回答了：二进制很有用，是一种特别适合计算机的语言。它有三个特点，决定了今天的计算机使用的是二进制，而不是十进制。

第一个特点是，二进制虽然只有两个数字，但一样可以表示所有的数字。

第二个特点是，二进制可以进行所有的数学运算。任何你喜欢或者讨厌的十进制数学题，二进制都可以做！这个特点没有什么好说的，既然十进制中所有的数字都能用二进制表示，那么十进制中的数学运算当然也能转换成二进制的。

说完前两个特点，你可能会问：二进制能做的，十进制也能做，我们何必多此一举，把十进制、二进制来回转换呢？计算机直接使用十进制不就好了吗？这就不得不提二进制的第三个特点了：在计算机里，二进制比十进制简单。

在现在的计算机里面，计算是在芯片上进行的。什么是芯片

1000111 01100111
01101111 01101100
01101011 10011110
10010110 01010100
10000010 01100010
0011001 01000111
000011 00110110
1001010 01000100
0001010 01010100
1010100 01010100

呢？芯片有一个更专业的名字，叫"集成电路"，也就是把电路缩到很小很小，计算机里的芯片可能就只有一片指甲盖那么大。

那用电路怎么表示二进制呢？其实很简单，就是用电路的开和关表示1和0。你自己在家里就可以试一下。比如，按一下开关，灯就亮了，这就表示1，再按一下灯就会灭掉，这就表示0。

二进制就是这么简单。那么十进制呢？光用开关可不行，开和关只能表示两个数字。看来，还要加上灯的明暗程度。你家有能调节亮度的灯吗？除了用关掉的状态表示0之外，还需要调节出9种亮度，依次表示1至9。现在你看出问题来了吗？你要记住这9种亮度，其实是很困难的。

在芯片上也是一样，10种不同的信号特别容易混淆，而且电路越复杂，越不容易制造。反过来，二进制就简单多了，只要能开能关就够了。因此，最后在芯片上使用的就不是十进制，而是二进制。

其实，这种用最快、最简洁的方法解决问题的思想，在编程领域的应用特别广泛，不只是计算机采用的二进制，程序员也希望自己的程序写得越简洁越好。

08 逻辑运算

计算机怎么分析问题?

　　计算机使用的语言是二进制,虽然同我们使用的十进制不一样,但也有了可以用来计算的数字。不过,光有数字还不行。它是怎么做复杂的运算、完成各种各样的事情的呢?

　　我们在学完数字之后,接下来往往就要学加减乘除这些运算了。那计算机要想用二进制的数字完成各种运算,也需要一套合适的运算法则。

　　你可能会想,运算法则不就是加减乘除吗,还能有什么别的运算?你别说,还真有。而且这一套运算法则比加减乘除更适合计算机电路。这一节,我们就来认识这种新的计算法则。

逻辑运算

计算机用的这套运算法则叫作逻辑运算。接下来我们通过一个小游戏，来一起认识一下吧。

想象一下，你是计算机芯片里的一个小元件，只有"有电"和"没电"两种状态，我们就用灯泡亮着表示有电，灯泡灭掉表示没电吧。逻辑运算的规则，就只需要我们开灯和关灯。

第一种常见的运算法则叫作"非"，也就是"不"的意思。"非"运算要怎么做呢？很简单，现在我们假设一个情景，你和你的同学面对面坐着，手里都拿着一个灯泡。现在你只需要看你对面的同学：如果他手里的灯泡是亮的，你就把自己的灯泡灭掉；如果他的灯泡灭了，你就把自己的灯泡点亮。跟他反着来，这就是"非"运算。

第二种常见的运算法则叫作"或"，就是"或者"的意思。同样的情景下，现在你对面的同学手里有两个灯泡，一手拿一个。如果他手上有灯泡是亮的，一个或者两个都行，只要有亮的，你就把手上的灯泡点亮，如果他手上的两个灯泡都是灭的，那你就把灯泡关了。这就是"或"运算。

第三种常见的运算法则叫作"与"。假如你对面的人还是一手拿一个灯泡，如果两个灯泡都是亮的，那你就点亮自己的灯泡，否则就不点亮。这就是"与"运算。

这就是三种最常见的逻辑运算。当然，逻辑运算还有其他运算法则，但也都和加减乘除四则运算的规则不一样。这一套运算体系，是数学家乔治·布尔建立的，所以这种运算法则又叫作布尔运算。

乔治·布尔

虽然布尔提出了这套运算规则，但在布尔生活的时代，这套运算规则在实际中的应用中特别少，人们关注的程度也不太高。那后来这套规则是怎么被用到计算机里的呢？为什么人们偏偏选中了这套运算规则，而不是我们熟悉的加减乘除呢？

这就要说到一位特别厉害的科学家了，他叫克劳德·艾尔伍德·香农。别看他一脸严肃的样子，他其实是一个特别爱玩的科学家。他不光爱骑独轮车、玩杂耍，还喜欢制造奇奇怪怪的机器，比如，电动弹簧高跷、能自己找迷宫出口的电动老鼠，还有按一下按钮就会伸出一只机械手的盒子。

虽然他发明的东西听起来很滑稽，但他可是一位非常厉害的科学家。还记得我们前面提到的大科学家图灵吗？香农曾经跟图灵讨论关于"图灵机"的事情，"图灵机"的很多构想香农自己也想到过，而且更厉害的是，他认为"图灵机"不单只是一个数学模型，现实生活中也可以造出类似"图灵机"的机器，我们可以用它来解决各种各样的问题。

当然了，香农并不只是简单想想，他也提出了一套实实在在的解决办法。

克劳德·艾尔伍德·香农

计算机电路里用二进制的 0 和 1 来代表电路的开和关，把各种各样的数据信息都变成电信号，这个想法就是香农提出来的。但光有 0 和 1 还不够，香农还需要找到一套适合计算机的运算法则，不然也无法处理这些信息。

那为什么不用现成的加减乘除法则呢？

我给你举个例子你就明白了。比如加法，你可能认为用一份电压表示 1，那 1+1=2 不就可以用一份电压加另一份电压等于两份电压表示吗？

这样想倒是没错，但按照这个规则，我们就要用不同的电压来表示不同的数字。计算机做的运算一般都很复杂，那就会产生许多种不同的电压。科学家曾制造过一种三进制计算机，它把电压分成了正电压、零电压和负电压三种，但是它的计算结果特别容易出错。类似地，如果真的用加减乘除法则作为计算机的运算规则，用电压高低来区分数字，也一定会产生类似的问题。

而且，早期的计算机还比较简单，如果旁边有其他的机器干扰，电压也很容易出现偏差，计算也会出错。所以，加减乘除法则用在计算机电路里并不合适。

那该怎么办呢？巧合的是，香农在读硕士时看到了布尔提出的布尔运算。他认为这套规则用到电路里简直太合适了。你想，我们前面讲布尔运算的时候，是拿灯泡的亮和灭打比方的，其实，灯泡的亮和灭对应的不就是计算机电路里面的有电和没电吗？

所以，布尔运算的规则再加上二进制，正好可以用来让计算机处理信息。当然了，香农也在二进制和布尔运算的基础上构建了一套更复杂的体系，好让计算机能够进行各种各样的运算。

香农在读硕士的时候，压根还没有计算机呢。香农当时是想把二进制和布尔运算运用在电子电路里。要知道，电子和电路是现代计算机的基础，后来的计算机都是在这个基础上发明的。这么看来，我们能用上手机、计算机还真得感谢香农呢。此外，给手机、计算机发送信息的数字信号，也是在他的理论基础上建立起来的。

通过这两节，我们了解了计算机最底层的信息处理方式。在它们眼里，一切信息都被抽象成了 0 和 1，运算法则也都被抽象成了逻辑运算。

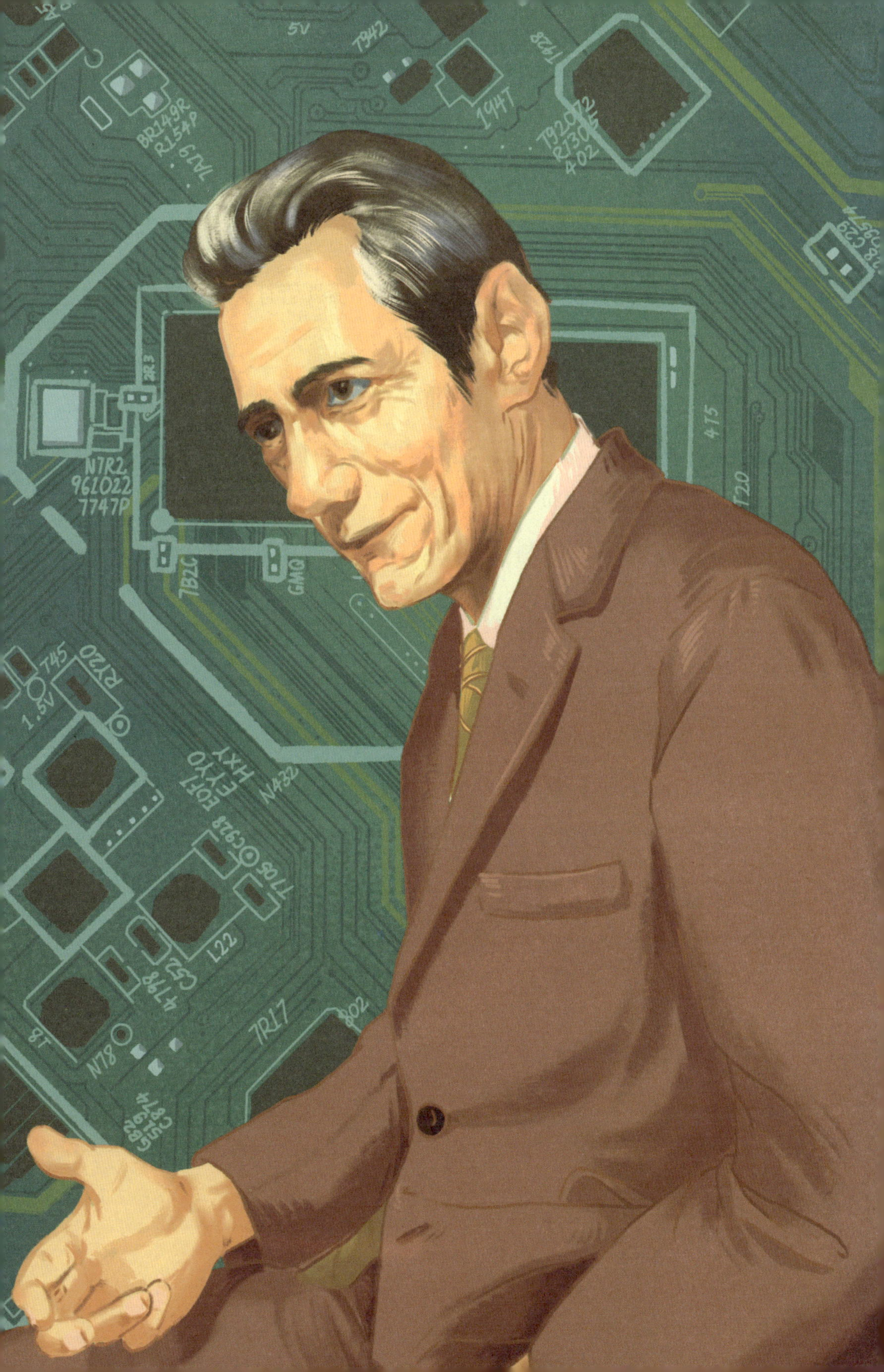
5V
1947
N7R2
961022
7747P
T45
1.5V
N432
L22
7R17
N78

那这和编程有什么关系呢？计算机如何处理信号似乎和编程没什么关系吧？我们设计程序的时候又不需要管计算机里的电流是什么样的，哪个灯泡亮着，哪个灯泡灭了。

前面说过，编程思维中特别重要的一种思维是"问题转化思维"。计算机用二进制的 0 和 1 来表示电流的关和开，从而把电流转换成信号，又用布尔运算（是、非、或）来对开和关的信号进行处理。所以，二进制和布尔运算不仅是计算机能进行编程的基础，本身也是一种编程思维的运用。

09
概率思维

▪ Siri 能"听懂"你说的话吗？

在生活中，你有使用过手机或者智能音箱上的语音助手吗？只要跟手机或智能音箱说一段话，它就会按我们所说的内容检索信息、播放音乐或者回答问题，甚至还可以让它讲个笑话。比如，你可以直接问它"图灵测试是什么意思？"，它听后就会从网上找到一大堆和图灵测试有关的知识。那你有没有好奇过，语音软件是怎么做到这些的呢？

关于这个问题的答案，我们要分成两个部分来说。第一个部分是，计算机是怎么"听懂"我们说的话的；第二部分是，计算机是怎么根据我们说的话做出反应的。

计算机是怎么"听懂"我们说的话的？

我们在了解计算机是怎么分辨颜色时曾学习过，计算机没有眼睛和大脑，是无法"看见"颜色的，它是通过把图片上每个像素的颜色转换成数字，进而对这些数字进行操作的。

同样，计算机在"听"声音时，也无法直接"听懂"我们在说什么，也要把我们的声音信号转换成数字信号。这一步同样会用到编程思维中的"问题转化思维"。但这里的转换和前面的图像的转换不太一样，图像信息比较明确，红就是红，蓝就是蓝，不会有什么歧义，相比之下声音信息就复杂多了。

首先，很多人说话都会带着当地方言的口音，并且同样的词不同的人读起来声调可能不一样。另外，还有一些多音字特别容易读错。所以，想把声音信号还原成正确的文字，可不是一件容易的事情。

那计算机要怎么"听懂"呢？说出来你可能不信，计算机是靠猜的。当然了，计算机并不是瞎猜，这背后有一种特别重要的思考方式，叫作概率思维。什么意思呢？我给你举个例子你就明白了。

比如，你打开语音助手 Siri，说"蜜蜂"这个词。很快，Siri 就会从网上给你找一堆和蜜蜂有关的信息。但你有没有发现，

"mìfēng"这个读音，既可以指在花丛里飞来飞去的"蜜蜂"，也可以指把东西密封起来装好的"密封"。Siri 怎么知道你说的是哪个呢？

这就和概率有关。科学家把各种各样和语言有关的材料都整理成了一个资料库，交给 Siri 去学习。我们日常说的词语、句子，各种各样的书，甚至是你发的朋友圈里的文字，等等，全都在这个资料库里，这个库有个名字，叫作"语料库"，就是语言资料库的意思。

通过学习语料库里的信息，Siri 就会知道哪些词语人们用得比较多，哪些词语很少用。比如在语料库里，"mìfēng"这个读音，90% 的情况，人们说的是蜜蜂这种昆虫，只有 10% 的情况指的是把东西密封起来的"密封"。

所以，在没有任何提示的情况下，Siri 也会猜你说的"mìfēng"是指蜜蜂这种昆虫。

这种用概率做判断的方法，在生活中特别有用。比如，你和同学约好了要去肯德基吃饭，结果出门后才发现忘记约的是哪一家肯德基了。怎么办呢？这时候，你可以根据你同学的习惯，去他经常去的那一家，在那里找到他的概率最大。

有没有什么办法能让 Siri 猜得更准呢？

当然有。你肯定发现了，一般我们使用 Siri 这种语音助手的

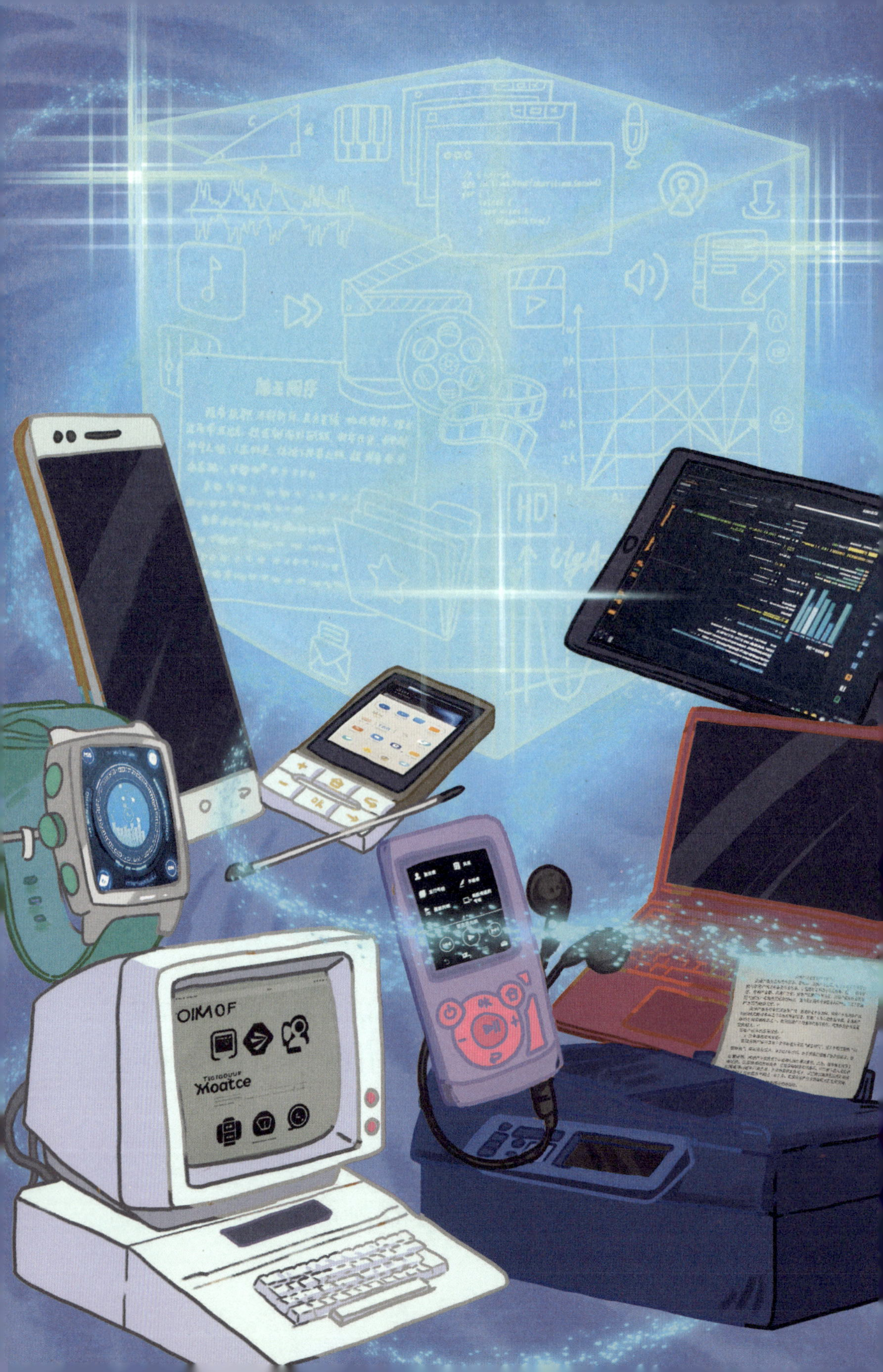

时候，不太可能只说一个词，一般会说一段话，比如你可能会问Siri："什么花会招来蜜蜂？""被蜜蜂蜇了怎么办？"这种情况下，Siri可以根据上下文来判断词语。这两句话里分别出现了"花"和"蜇"两个字。通过分析语料库里的信息，Siri发现如果出现了"花"或"蜇"，人们有99%的概率在说蜜蜂这种昆虫。你看，通过结合上下文，Siri的猜测结果会更加准确。这种根据上下文情境判断别人说的话的意思，我们在生活中也经常用。

在前面的章节中我们讲过，为了让计算机能够准确判断出图片上的动物是不是狗，科学家会让计算机"看"许多图片，让它学习并总结靠谱的规律。教计算机判断词语也一样，科学家会让计算机不断学习人类的说话习惯，让它的猜测结果越来越准确。

这样一来，计算机就能"听懂"我们说的话了。当然，计算机并不是真的"听懂"了你在说什么，而是从各种可能性里，猜了一个可能性最高的答案。

那问题来了，计算机不能真正"听懂"我们在说什么，它又是怎么回答我们提出的问题的呢？这就是我们要说的第二个问题了。

计算机是怎么根据我们说的话做出反应的?

你的爸爸妈妈可能会在购物软件上买各种各样的东西,有时候会给商家的客服打电话,你可能也打过类似的电话。电话那头听起来好像是有个人在和你说话,但其实,现在的好多客服电话都是机器人接听的,和你聊天的或许压根不是人类。

你可能会觉得这是不可能的,对方还能根据我们说的话做出不同的反应,怎么可能是机器人呢?

机器人,也就是计算机,它是怎么"听懂"你的话的,其原理我们已经明白了。那它是怎么根据你说的话做出不同反应的呢?

这个原理也非常简单。除了前面说的语料库,计算机还有一个用来装各种回答的"答案库",你可以把它理解成一个答案百宝箱,里面装着各种各样的问题对应的回答。计算机会根据你说到的关键词,挑选对应的回答。

比如,你问客服:"快递多久能到?"这时候,计算机会提取出你说的关键词"快递""多久",只要出现这两个词,它就会从答案百宝箱里找到和快递时间有关的回答:"全国绝大部分地方1~2天能收到;偏远一些的地方,时间长一些,要3~5天。"

如果你问客服:"现在有没有活动?"计算机又会提取出关键词"现在""活动",然后去答案百宝箱里找对应的回答,把正在进行的优惠活动讲给你听。

发现没有,这个过程有点像对对联。对对联是有常用套路的,正所谓"天对地,雨对风,大陆对长空"。而客服机器人在回答问题的时候也是一样的。它会根据"上联",也就是"关键词",去答案库里找"下联",也就是对应的回答。

这种回答问题的方法不能说百分之百准确,但足够应付绝大多数情况。如果机器人遇到了实在解决不了的问题,它可以再转交给人工来解决。

通过这个方法,客服人员的工作效率大大提高,大部分问题,机器人都替他们解决了。这样一来,原本只能帮助一百个人的客服,现在可以帮助一千个人解答问题了。

当然,除了让计算机从答案百宝箱里挑选答案回答,科学家也在想办法让计算机拥有创造性,能够针对不同的问题创造出不同的答案,但这件事可比对对联回答问题难太多了,真正应用到生活中可能还要很长一段时间。

10

无监督学习

计算机也能上"自习"?

在学校里,老师有时候会让我们自习,自主学习知识。有些学校早上还有专门的自习课,让大家在没有老师的情况下,自己读书学习。

在前面的部分章节中,我们学习了计算机是怎么"看"图片和"听"声音的。而这些都是在人类的指导下完成的。那么,计算机有没有可能脱离人类的指导,自己去"自习"呢?

一起来做下分类吧!

首先,请你想象一下,自己面前有一台冰箱。然后,请你打开冰箱门,把里面的东西做一下分类。你可以轻松地把冰箱里的水果、蔬菜、肉类还有饮料分开。你甚至可以把带叶的蔬菜和不带叶的蔬菜分开，把酸的水果和甜的水果分开。

这件事不光你做起来简单，让计算机来做也不难。我们前面讲过，可以通过让计算机不停地看图片，教它们认识各种东西。所以，对现有水果蔬菜做分类，这个问题对人类和计算机来说都不难。

那接下来，我们换一个场景。假如现在你是一位宇航员，要去一颗全新的星球上考察。下了飞船一看，你禁不住感叹了一声："好家伙！"这颗星球上已经有许许多多的生物了，而且这些生物和地球上的完全不一样——这里的树上结满的各种果子，都是地球上完全没有的，有三角形的、五角星形的，还有正方形的。颜色也奇奇怪怪，蓝色、绿色、橙色、粉色都有。

这时，通讯器里传来指令，让你把这些果子做一下分类，如果是你的话，会怎么办呢？

我相信，虽然你并不知道这些果子叫什么名字，但你一定能完成任务。因为，这是我们从幼儿园开始就接受的训练。那时我们经常会碰到一类题，让你给各种各样的东西分类。很多时候，即使不知道被分类的到底是什么东西，还是可以按照颜色或者形状，把它们分清楚。

同样的，现在即使不知道这些果子叫什么名字，也依旧可以按照形状来分，三角形的一类、五角星形的一类、正方形的一类。我们还可以按照颜色来分类，红色的一类、蓝色的一类，如此等等。

当然了，这样的分类方法并不完美，但在什么都不知道的情况下，也算是个不错的办法了。

前面在给冰箱里的东西做分类时，我们明确知道每个东西是什么，属于哪一类，这种情况叫分类是没问题的。但是在外星球上，我们完全不知道要分类的东西是什么，也没有一个确切的分类标准，按颜色分还是按形状分好像都可以。这种情况一般不叫分类，而是叫聚类。聚类的意思就是根据一些特征把不同的东西聚在一块。

科学家让计算机给东西做聚类时，往往要让计算机"自习"，也就是自主学习。因为我们自己都没法给出一个明确的标准，当然就没法教它了。

计算机如何"自习"？

那计算机是怎么"自习"的呢？其实，它"自习"的过程和你按照形状、颜色做聚类的过程特别像。

举个例子：首先，正如我们前面所学，计算机要处理这些果子必须先对它们进行抽象。比如，假如果子是红色的，计算机就在颜色这个标签上记成1，蓝色就记成2，如果红色有一点点偏蓝呢，那就认为它是1.2好了。

同样，如果果子是三角形的，就在形状这个标签上记成数字1，五角星形记成2，看起来像三角形但又多出两个小角，就记成1.4。

总之，把所有果子的形状和颜色都变成一组组数字，这样一来，计算机就可以开始处理这堆数字了。最后，计算机把颜色和形状比较类似的水果放在一块，把它们聚为一类。

可是，这和"自习"有什么关系呢？

你应该还记得，我们前面说计算机学习辨认图片上的小猫、小狗的时候，是有人类告诉它判断结果对错的。这种有人"盯着"的学习方法有个特别形象的名字，叫"监督学习"，也就是在人类的监督之下学习。

但现在情况不一样了，人类自己都不知道该怎么分类，自然也就没法"监督"了，一切都要靠计算机自己判断。那怎么判断呢？

计算机每看到一种新的果子，都会把新果子的参数加入数据库中，随着新果子种类越来越多，判断标准可能会发生改变。比如原来四四方方的果子可能会和三角形的果子归为一类。可随着观察的果子多了，计算机就会发现，四四方方的果子还挺常见的，应该单独归为一类。

到底哪些果子要归为一类，这个判断标准不是人类给计算机设定好的，也不是它自己瞎猜的，而是根据收集到的果子参数，不断调整而来的。

S=Vt
y=log_b(x) iff x=b^y
R
A
B
O
C
M
cosα
N
cosα
C
B
E
C
CH4 + Cl2
CH3Cl + Cl2
CH2Cl2 + Cl2
CHCl3 + Cl2
CH3

这种在没有人类的帮忙下做判断，计算机自己根据实际情况学习的方式，就叫作"无监督学习"。

这里有一种思想特别值得我们学习，那就是"根据实际情况不断优化调整，以达到最佳效果"。我们在生活中可能也会制订各种计划。快考试了，你可能计划每天晚上看半小时语文、半小时数学、半小时英语。过了三天，你发现英语已经掌握得差不多了，语文学得还不太好，那就可以把复习英语的时间挪 20 分钟给语文。再过几天，又发现数学落下了，于是又可以少看 20 分钟语文，多看 20 分钟数学。虽然和开始制订的计划不太一样，但根据实际情况不断调整自己的计划和策略，才能达到最好的效果。

说回"无监督学习"，它在实际生活中有什么用处吗？

用处可大了。如果将来有一天，我们真的要去探索一颗完全未知的星球，可能就得让计算机帮我们对星球上的东西做聚类。另外，尽管在星际层面上人类现在还没有派出过科考队，但在地球上，也出现了很多我们不太了解的东西，需要做分类。比如，有些像细菌一样肉眼看不见的微生物，人们尚未深入了解。如果一上来就让人类科学家去分析，可能会浪费大量的时间。这时候就需要计算机的无监督学习了。

我们可以先让计算机自己学一会儿，替我们总结一个初步的规律，我们再在这个基础上做深入的研究，可以节省不少时间和精力。

11

图灵测试

怎样找出身边的机器人间谍？

这一节，我们来用编程思维干一件厉害的事情——抓机器人间谍。通过这个故事，你还会知道什么是"图灵测试"。

许多科幻电影里都有特别厉害的人工智能或者机器人，比如电影《复仇者联盟》里的邪恶人工智能奥创，电影《终结者》里伪装成人类的机器人杀手，等等。其实，在现实生活中，科学家也造出了一些和人类极其相似的人形机器人，光看外表可能根本无法分辨。

假如有一天，我们身边混入了一台邪恶的人形机器人，你有什么办法把它揪出来吗？

这就要说到"图灵测试"了。如果你喜欢看科幻故事，就可能听说过这个词。在科幻故事里，如果一个机器人通过了图灵测试，那可不得了。这就说明它能和人类一样思考，拥有成为超级

AI 的潜力。下面，我们就借着一部叫《机械姬》的电影来了解一下"图灵测试"吧。

《机械姬》与图灵测试

这个故事的主角叫史密斯，他是一位程序员，在一家特别厉害的科技公司工作。有一天，这个公司搞了一个内部的抽奖活动。恰巧，史密斯就抽到了头号大奖，获得了和老板共度周末的机会，这可把他高兴坏了。

你可能要问了，和老板共度周末有什么好高兴的？在公司不是天天能见到老板吗？还真不是，这家公司的老板十分神秘，不轻易露面。而且他非常厉害，算得上是一位人工智能专家，要是能跟他共度周末，估计能学不少东西。

赢得这个大奖，史密斯当然也很高兴，开开心心地去了老板的别墅。见面后，老板对史密斯说："恭喜你中奖了，不过我请你过来不是来玩的，而是想请你帮我做一件事。"

听起来像是个秘密项目，能被选中参与这样一个秘密项目，史密斯更加激动了。那是什么任务呢？

老板接着说："我造了一个机器人，名叫艾娃。她可能拥有了人类的智慧，但是，我说了不算，你来给它做个图灵测试吧。

看她是不是真的有智慧。"

在前面几节中，我们数次提起过图灵，这位被尊称为"人工智能之父"的科学家。他提出的"图灵测试"能够检验机器人的智能是否达到人类水平。

假设有两个房间，一个房间里是人，另一个房间里是机器人。你不在其中任何一间房间里，也看不见这两间房子里的情况，只能通过打字跟房间里的人或者是机器人交流，然后判断出哪个房间里的是人类，哪个房间里的是机器人。

当然，这个机器人在回答问题的时候会想办法伪装成人类。假如你问了一堆问题之后，还是分不清谁是人类谁是机器人，图灵就认为，这个机器人通过了测试，它是拥有智慧的。

所以，在《机械姬》这部电影里，老板想通过图灵测试，证明自己造的机器人艾娃是有智慧的。假如你是史密斯，在给艾娃做图灵测试时，你会问什么问题呢？

你可能会想，我们人类和机器人有一个很明显的区别，那就是人类有感情，而机器人只知道执行命令，是没有感情的。所以我们可以问艾娃一些比较感性的问题。比如："你喜欢看什么电影？""电影里的哪个情节最打动你？"

这个思路倒是没错，但麻烦的是，机器人艾娃本质上是一台计算机，她可以上网。网络上有那么多人写的电影评论，她为了

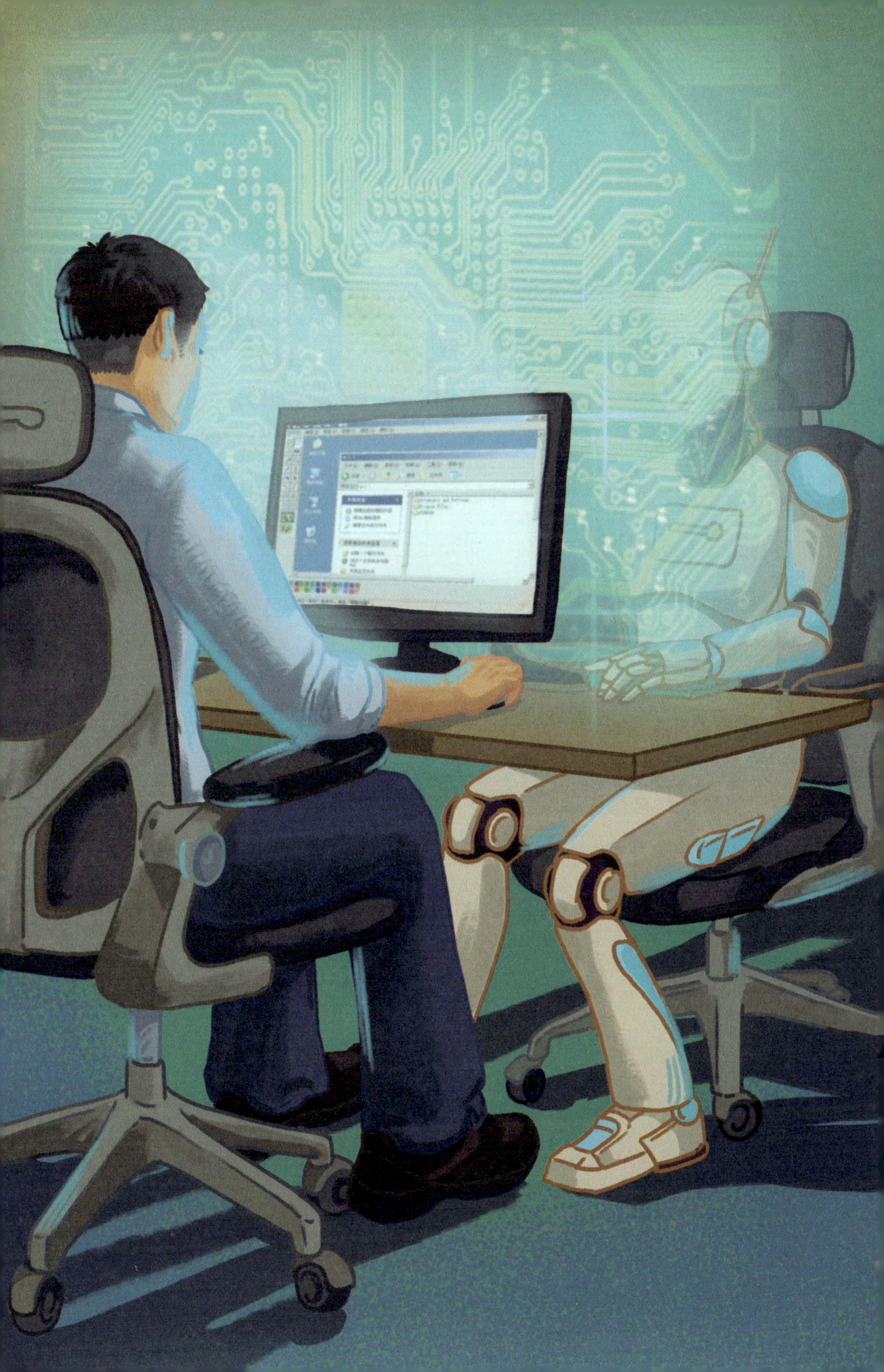

伪装成人类，可以随便复制一段讲给你听。

那要是问一些更难的问题呢？比如："人生的意义是什么？"机器人肯定没有思考过这个问题吧？

可同样的，艾娃还是可以从网上找一段别人的回答讲给你听。而且诸如"人生的意义"这样的问题，其答案并没有准确的评判标准。你去问一个真人，即便他给你来个答非所问，你或许也觉得话里有玄机。如果机器人艾娃也给出了一个看起来充满玄机的答案，你又该怎么评价呢？这么看来，好像陷入了死胡同。

别着急，这个时候就要有请编程思维出场了。编程思维里最重要的一步就是搞清楚我们的目标。这就好比做一道数学题首先要理解题意一样，我们做图灵测试不是为了难倒机器人，而是为了判断出和自己说话的到底是人还是机器人。

我们前面找的那些问题是想难住机器人，让人类答出来。既然这条思路行不通，那能不能倒过来想呢？难不倒机器人，我们能不能难倒人类？这样不也能区分出来谁是人类谁是机器人吗？

逆向思维

你可能觉得，机器人都是人类造的，它们怎么会比人类还厉害？你可别忘了，机器人的本质是一台计算机，它查询各种信息的速度可比我们快多了。

你可以问对方："你喜欢看《哈利·波特》吗？"

对方只要说："当然喜欢了。"那接下来你就可以问："你说说《哈利·波特》第七册第三章正文里的第11个字是什么？"

如果对方是个人类，无论他有多喜欢《哈利·波特》，都无法一下子答上来，对吧？搞不好还会说："你疯了吧，谁会知道这样的事情。"但如果对方是机器人，它可能想都不想，马上就能告诉你那个字是什么，这就太可疑了，对吧？

另外，在做数学计算时，计算机也比人脑快得多。你要是问对方 8346×5639 等于几？要是他想都不想，答案就脱口而出，那这家伙很大概率是个机器人。

这种倒过来想问题的方法，又称逆向思维或逆推法，也是我们在学习中经常会用到的方法。比如，你可能碰到过一类数学题，一个数字，加上10，乘10，减去10，除以10之后，还是10，问你这个数字是几。这时候你用逆推法倒着算一遍，很容易就能算出答案是1，感兴趣的话你可以动手试一试。

（？+10）×10－10÷10＝10

逆推法
(10×10+10)÷10 － 10=1
↓
得出? =1

当然，除了在学习上，日常生活中逆向思维也特别有用。

你肯定拍过大合照吧？几十个人在一起拍照片，在按下快门的时候难免有人闭眼睛。怎么办呢？按照常规思路，当然是大家都撑着尽量别眨眼，但倒过来想，如果大家先把眼睛闭上，等到拍照前一秒同时把眼睛睁开，这样就不容易出现有人闭眼睛的情况了。这也是逆向思维的运用。

我们还是说回电影，艾娃有没有通过图灵测试呢？她当然通过了，而且她不仅通过了图灵测试，还把史密斯和老板都给骗了，这是怎么回事呢？

在电影里，艾娃趁着史密斯给自己做图灵测试的机会，和史密斯聊了起来，而且还说服了史密斯帮自己逃跑。

其实，老板也不傻，他知道自己造的艾娃有多聪明，还预料到艾娃说不定会想逃跑，所以给整个实验室，也就是他的别墅，设置了严格的安保系统。在看到艾娃和史密斯商量逃跑计划的时候，老板并没有太在意，反而特别高兴。

老板高兴什么呢？

原来，老板制造艾娃的时候，从来没有给她植入过什么程序，让她想逃跑。如果艾娃产生了这样的想法，岂不是说明她拥有了自己的意志？而且，艾娃能主动去设计整个逃跑计划，又能说服史密斯帮自己实施计划，这已经不是通过图灵测试这么简单了，可以说机器人艾娃已经是相当聪明了。

第二章 教你思考的编程思维

老板觉得自己能造出这样的机器人，肯定超越了所有专家。这种自负让他坚信艾娃不可能打破自己设置的安保系统。而这给老板带来了危险。

一次，艾娃趁老板喝醉酒的机会，让史密斯修改了实验室的安保程序。结果可想而知，艾娃成功逃出实验室，杀死了老板，还把史密斯一个人关在了实验室里。

逃出去的艾娃会做什么呢？电影故事里并没有明说，但仔细想想就让人不寒而栗。

你可能会想，我们现实生活中肯定没有通过图灵测试的机器人吧？但事实恰恰相反，早在2014年，就有机器人通过了图灵测试。

12 反图灵测试

怎么证明自己不是机器人？

图灵测试，就是通过对话的形式判断计算机或机器人是否拥有人类的智慧。

不过，在前面讲到电话客服机器人时，我们能发现如今的客服机器人已经非常厉害了，大多数情况下，我们很难分清对方是人还是机器。按照图灵测试的标准，它们岂不是都通过图灵测试了？

但很显然，这些客服机器人并不具有人类的智慧。这么说来，那图灵测试是不是也有点不靠谱呢？

其实不只是你，许多科学家也觉得图灵测试不靠谱。比如在现实生活中，早就有机器人通过了图灵测试，但很多科学家却不觉得它拥有智慧。这是怎么回事呢？

有一台名叫尤金·古斯特曼的聊天机器人，它会模拟成一个

13岁的小男孩和你聊天。因为它模拟的是13岁的男孩，所以在进行图灵测试时，评委会觉得有些问题他回答不上来也很正常。另外，问答是用英语进行的，它又说自己不是英国人，英语不太好，就更不容易引起怀疑了。通过这种方式，尤金·古斯特曼在2014年通过了图灵测试。

很多人都不服气，觉得这个图灵测试的结果不靠谱。更重要的是，研究人工智能的科学家们也早已分成两派，一派支持图灵测试，一派反对图灵测试。

行为主义学派

我们先来认识一下支持图灵测试的科学家吧，这一派被称作"行为主义学派"。

他们觉得假如机器人会思考，思考过程是在机器人"脑子"里进行的，我们看不见也摸不着，根本无法判断它们的思考过程是不是跟人类一样。所以，我们要换个实实在在的东西去观察、分析。

比如，你向机器人问问题，它进行回答，这一问一答是实实在在的。只要一问一答这个行为看起来跟人类差不多，就可以认为它能跟人类一样思考。

他们的这个思维方式特别有用。再提取一下，这个方法实际上就是说，如果一件事太过复杂，不可能彻彻底底地搞清楚，那就只关注那些能够被观察到的东西。

这种思维方式有什么用呢？举个例子，我们学习知识本身是一件特别复杂的事情，你有没有学会一个知识，你思考问题的方法对不对，这些事都发生在你的大脑里，老师不可能打开你的大脑看看。那老师该怎么判断你学习的效果呢？

这时候，考试就派上用场了。老师出一道考题，你能不能做出来，能考多少分——这件事是实实在在的，是可以观察到的。所以，学校会用考试成绩来判断学生的学习情况。

当然了，影响考试成绩的因素还有很多，比如你可能已经学会了某个知识，但由于紧张或考试时生病了，没能答出来。这种情况下，如果你真的掌握了知识，也不用太在意成绩。另外，你也有可能并没有掌握一个知识，但因为运气好，瞎蒙的题全都蒙对了，如果是这样，你还是应该好好补齐知识。

除了考试，这个思维方式在其他方面也有应用。比如，软件工程师在测试软件时，会用到一种叫作"黑盒测试"的方法。

假如一个软件的功能是把一段话转变成文字。为了测试这个软件有没有用，工程师不会去一行行地检查代码，而是会先看看最直接、最容易观察到的情况——他们会说一段话，看软件能不能把它变成文字。如果可以，就认为软件是有用的；如果软件无法完成这件事，工程师们才会详细分析软件代码。这样做就大大节省了工程师的测试时间。

可以说，这一派的思维方式虽然有不完善的地方，但我们在评价一些非常复杂或者虚无缥缈的东西时，仍然可以参考他们的方法，找一个实实在在的、能被观察到的东西作为标准。

反图灵测试

与此相对，另一派科学家对图灵测试提出了反驳。

假如你完全不懂英语，但是手里有一本超级厉害的英文问答手册。无论别人用英文写什么样的问题，你都能通过比较每一个字母，确认这个问题在问答手册的哪一页、哪一条，并找到对应的答案，再抄在小纸条上还给对方。这么一来，你就能回答各种各样的英语问题了。但这能说你真的懂英语吗？

这个例子和客服机器人一样，虽然机器人能回答我们提出的各种各样的问题，但其实只是根据你说的关键词去答案库里找答案而已。所以，很多科学家认为，就算机器人能跟人类一样回答问题，也不能说明它们拥有人类的智能。

这一派的科学家说得也有道理。因此在日常生活中，图灵测试的应用并不多。不过，图灵测试并非彻底无用。

人们发现，如果把图灵测试倒过来用，就特别有价值。也就是说，测试对象从计算机变成人类。不再是计算机要证明自己是个人类了，而是人类要证明自己不是计算机。这种测试方法叫作"反图灵测试"。

反图灵测试的应用非常广泛，你一定做过类似的测试。比如，登录各种软件账号的时候，我们除了要输入账号密码，还要做验证。有时是让你看一张图片，上面有几个歪歪扭扭的字母，需要我们输入正确的字母；有时是让你按照顺序点击汉字；有时会让你把一个拼图块拖到背景图片上的某个位置。

这就是反图灵测试。让你做这些就是要证明你是人类，而不是某个试图混进去的程序。这些问题都特别依赖人类的视觉，而在前面的章节中我们学习过，计算机是没有视觉的，这些对我们来说很容易的问题，在它们看来其实是非常复杂的，普通的计算机根本无法应对。

或许你会提出疑问，为什么要做这种测试？难不成我们身边潜入了机器人间谍？

这么说也没错。在生活中，有些人会制造一种小程序，让它假装成人类注册多个账号，做违法违规的事情。比如，它们可能会注册许多QQ号或微信账号，用这些账号进行诈骗。还有些人请你按照顺序说出汉字,以证明身份。

可能会注册大量的账号,在购物网站给商家刷好评。

为了防止机器干坏事,很多软件会设置一个反图灵测试,把机器人挡在外头,只让人类进入。

13 结构化思考

人机大战的首次对决

说到"计算机"或者"人工智能"这样的话题,你常常会看到一个词——人机大战。这是说人类和计算机程序一起玩游戏,在游戏里对抗,看看到底是人能胜过计算机,还是计算机能胜过人。

现在,机器人的智慧还远远达不到人类的智慧水平。可是在一些智力游戏上,机器人却彻底碾压人类。如果你去关注这些人机大战的消息,其结果基本上都是计算机战胜了人类顶尖高手。

难道在游戏领域,人类真的彻底无法对抗计算机了吗?

棋盘较量

"人机大战"这个话题,听起来蛮时髦、蛮高科技的。但你可能想不到,这样的人机大战早在30多年前就开打了,而且战火波及了扑克类游戏、象棋、围棋甚至是电子游戏。

其中最精彩的，要数在下棋这个领域的竞争了。

为什么是下棋这个领域呢？因为你下的每一步都有多种可能性，玩起来特别烧脑。一盘棋局的可能性实在太多了。

我们熟悉的中国象棋，棋局变化的可能性就超过了10的100次方，也就是在1后面写100个0，这个数字已经大得无法想象了。而且，这还不是棋类游戏当中变化可能性最多的。

考虑到这些因素，科学家们认为，棋类游戏绝对算得上高难度的智力比拼。既然图灵测试可以用来判断计算机有没有智慧，那能不能用棋类游戏评价计算机的智力程度呢？

在人工智能技术发展的早期，真的有科学家是这样认为的——如果计算机能够在国际象棋、围棋这样的比赛上战胜人类顶尖棋手，则可以认为这台计算机拥有了智慧。所以，棋类游戏一直都是人机大战的主战场。

当然了，我们说的人机大战可不是平时在手机、计算机上下象棋、围棋这么简单，而是人类的顶尖高手和顶尖计算机之间的大战。

人机大战的第一场战斗发生在"英国跳棋"战场上。这种跳棋和我们平时玩的跳棋不太一样，棋盘长得有点像国际象棋的棋盘，走法也有些区别，可以跳过对方的棋子把它吃掉。

第二章
教你思考的编程思维

当时，有一位数学家马里恩·汀斯雷，他的英国跳棋玩得非常好，不仅是英国跳棋的世界冠军，而且在长达40年的时间里所向披靡，几乎没有人能战胜他。在那段时间里，他是名副其实的"英国跳棋王"。

就是这样一个天下无敌的"英国跳棋王"，依然有人向他发起了挑战，这个对手名叫奇诺克。它不是人类，而是一台专门下英国跳棋的机器人。

跳棋王新奇地接受了奇诺克的挑战。他们俩的第一次交手是在1990年的一场表演赛上。当时，负责设计奇诺克的科学家信誓旦旦地说："我设计的这个机器人可厉害了，它能预测之后20步的情况，绝对不会输给你。"结果，跳棋王不愧是棋王，以4比2的比分战胜了奇诺克。

不过，奇诺克并没有认输，4年后，也就是1994年，奇诺克又来找跳棋王比赛了。这一次，"跳棋王"身体抱恙，但他还是坚持跟奇诺克比赛。

就这样，连着6局，他们都打成了平手，而在第七局决胜赛时，"跳棋王"支撑不住身体，比赛暂停了。他被送往医院，确诊为严重的癌症。就这样，跳棋王不得不因病退出了比赛，7个月后就去世了。

既然跳棋王退赛，奇诺克就成了英国跳棋的世界冠军，也是

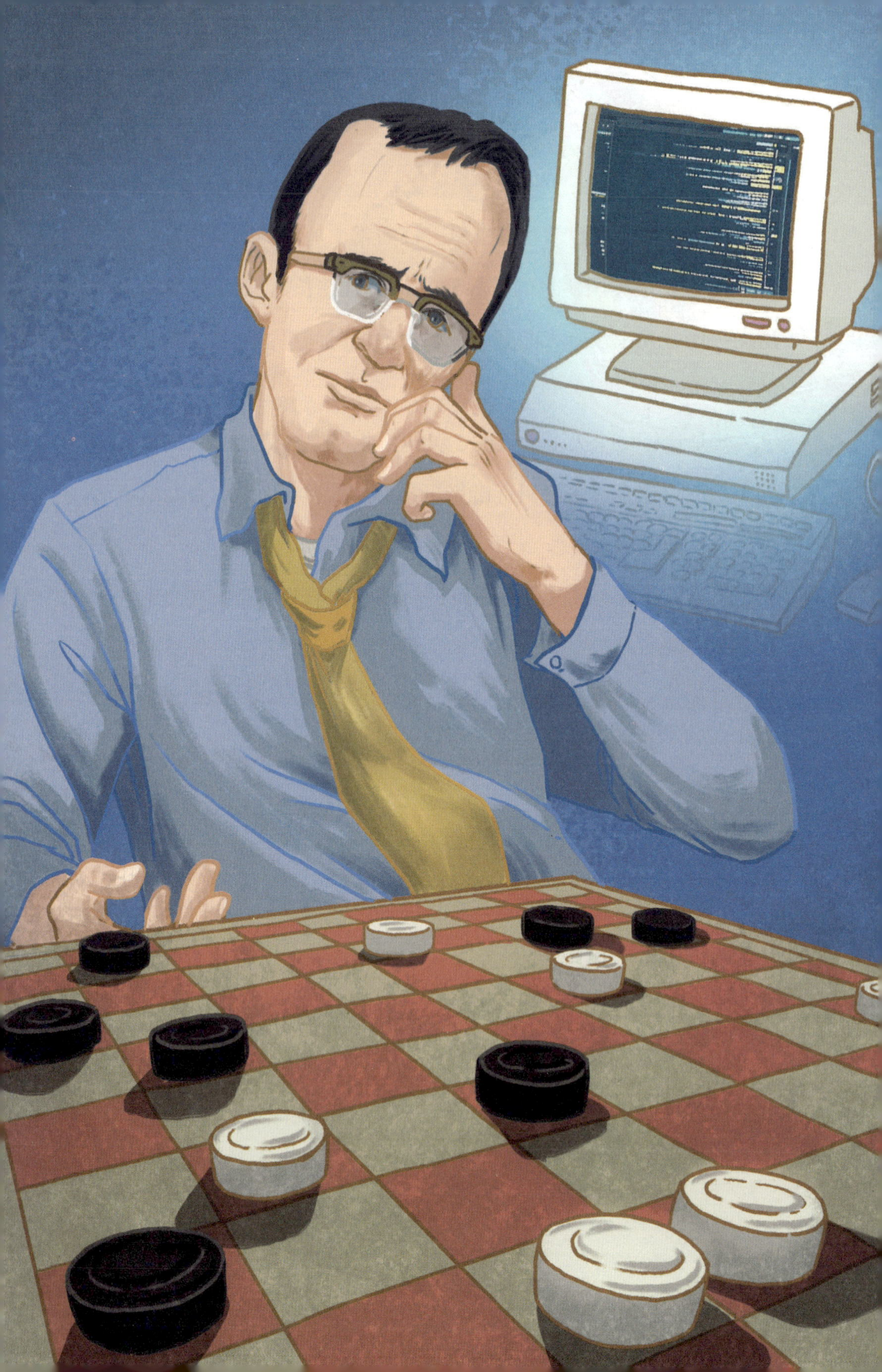

第一个机器人冠军。而且在第二年，奇诺克还击败了另一位人类挑战者。在英国跳棋这个战场上，机器人取得了全面胜利。

为什么计算机下棋的时候会这么厉害？难道说它真的比人类更聪明吗？

计算机如何成为棋局大师

在下棋的时候，很多人可能只考虑当前这一步怎么走，厉害一些的同学，可能会考虑这一步走完下一步该怎么办？考虑到后面的情况，才能做出更好的选择。

人类比较厉害的棋手，差不多能考虑到之后8、9步甚至10步的情况，而设计奇诺克的科学家说，奇诺克能考虑到20步以后的情况。这是什么概念呢？

假如你在和同学下棋，当前这一步你有5种走法，每种走法对手也有5种应对方法，如果你想考虑清楚每一步的后果，就要考虑25种不同的可能性。25种，听起来好像不多，但这只是考虑当前这一步对应的可能性。如果奇诺克能提前思考20步，它要思考多少种可能性呢？你可以拿出一张纸，在上面写一个1，然后在后面写28个0，这就是奇诺克大概要考虑的可能性的数量。

真是非常震撼的数据。计算机还要从这么多的可能性里，找到对自己最有利的一种，然后倒推出来眼前的这一步应该怎么走。这实在是太可怕了，即便是人类最顶尖的棋手也很难考虑得这么全面。而随着科技的进步，计算机的运算性能越来越好，完成这样的任务已不是什么难事。

所以，在下棋这样的策略游戏上，计算机能够比顶尖的人类棋手思考得更全面，更不容易犯错。

这种算法需要一层层、一步步地进行，就像一棵大树，主干会分成细一些的枝干，每一条枝干又会继续分成更多更细的枝干，一直分到最末端的树叶，所以人们给这种方法起名为蒙特卡洛树搜索。我们后面会提到的"深蓝"，还有大名鼎鼎的AlphaGo，它们在下棋的时候都会用到这种算法。这种一层层、一步步的思考方式叫作结构化思考。

结构化思考的神奇妙用

这种结构化思考能在我们的日常生活中应用吗？答案不言而喻。

假如新学期刚开始，老师突然给你一项任务，让你组织一场班会，请同学们来一场才艺表演。虽然班上的同学也都愿意帮你，但具体要怎么分配任务呢？

第二章
教你思考的编程思维

你可能会想,要有人给演员们准备服装道具,要有人布置教室,好像还要有人去买零食、水果。可这样分配任务,搞不好会漏掉一些环节。这时候,你就可以用结构化思考来解决这个问题。

在正式开始之前,应该先把任务分类。可以按照活动内容性质的不同,把班会活动分成表演任务、班会会场布置任务这两大类。

在每一类任务里,又可以细分成诸多小任务。表演任务可以分成:节目准备、服装道具准备、主持人排练等等。班会会场布置任务又可以细分成:布置教室桌椅、购买小零食、调试音响话筒等等。当然了,每一个小任务还可以继续细分。

这样一类类、一层层地拆分任务,就比东想一个、西想一个要更有条理,更不容易遗漏。

我们再说回"人机大战",你可能会觉得,在英国玩跳棋的人少,可能很多人听都没听过。计算机应该选一个玩的人更多、高手们竞争更激烈的游戏,和人类比一比。

计算机科学家们也是这么想的,接下来,他们就选了一个在世界范围内更普遍的游戏——国际象棋。下国际象棋的人可比下英国跳棋的人多多了,下的人多,大师之间的竞争也更激烈。

除了高手云集,计算机还要解决另一个问题,相比于英国跳棋,国际象棋的棋子数量更多,种类也更多,不同棋子的走法还不一样，所以国际象棋的棋局比英国跳棋更加复杂，对计算机思考能力的要求也就更高了。

在国际象棋领域，计算机还能战胜人类的顶尖高手吗？把你的猜测写下来。

14 模仿

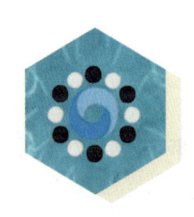

■ 人机大战，计算机偷学绝招

在英国跳棋这个战场上，计算机取得了胜利。接下来，计算机又要在国际象棋和围棋的战场上向人类发起挑战了。不过，机器人要想在这两种棋类游戏上战胜人类的顶尖棋手，可不容易。

跳棋机器人奇诺克运用蒙特卡洛树搜索，每走一步，思考的可能性能达到 10^{28} 种。这个数字听起来吓人，但随着计算机技术的发展，还是可以做到的。

而国际象棋和围棋就不一样了，如果还是用相同的算法考虑所有的情况，国际象棋要考虑的情况有 10^{150} 种之多，围棋则达到 10^{300} 种。这么多的情况，计算机运算能力再高也思考不过来。那在这两个战场上，计算机还能战胜人类吗？

深蓝

我们先一起来看看国际象棋战场吧。这次，计算机一方派出的选手叫"深蓝"。制造"深蓝"的公司是 IBM。你可能还记得，我们在第一讲中提到过。这个公司在人工智能领域非常厉害。

人类这边的代表，是顶尖的国际象棋棋手卡斯帕罗夫，他是一个实打实的国际象棋天才，8 岁开始学习国际象棋，18 岁就获得了国际象棋领域的最高称号"特级大师"。之后，在他 20 多年的职业生涯里，几乎从无败绩。

另外，卡斯帕罗夫还干过一件有意思的事情，他曾经战胜过"世界队"——这是一支由 75 个国家的 5 万名国际象棋爱好者组成的战队。这 5 万人一起分析棋局并出谋划策，结果还是败给了卡斯帕罗夫。所以，卡斯帕罗夫绝对可以代表当时人类最高的国际象棋水平了。

果然，卡斯帕罗夫没让大家失望。在 1996 年，卡斯帕罗夫第一次和"深蓝"交锋时，守住了人类的阵地。

可是制造"深蓝"的科学家们不服气，又回去重新改造"深蓝"，准备再战。而且为了体现出它比上一代更厉害，科学家为它取名叫"更深的蓝"。

那"更深的蓝"有多厉害呢？在国际象棋领域，人类顶尖的棋手也就能往后考虑 10 步,"更深的蓝"可以考虑 12 步。别看只差了 2 步,这意味着"更深的蓝"能考虑的情况比人类棋手多成千上万倍。

果然,这一次的人机对决中,"更深的蓝"成了赢家。卡斯帕罗夫觉得不可思议,他不相信计算机能这么厉害,要求再比一局,但科学家们并没有给卡斯帕罗夫复仇的机会。因为在科学家眼里,再比下去,人类也是必败无疑。接下来,计算机要在更有挑战性的围棋战场上战胜人类,以此说明计算机取胜绝不是靠运气。

AlphaGo

围棋的棋盘横竖都有 19 条线,共有 361 个交叉点,比国际象棋横竖 8 个格子的棋盘要大得多,这意味着围棋棋局变化的可能性比国际象棋还要多。

面对数量如此庞大的可能性,不仅人类职业棋手每走一步要思考良久,计算机也无法考虑全部的情况,需要运用更高级的算法,来模拟人类的前瞻性和战略思维能力,以理解围棋的复杂和精妙之处。因此,这个战场上的人机大战算得上终极对决了。

这次,计算机阵营派出的代表叫 AlphaGo,你可能也听说过这个名字，还有很多人开玩笑叫它"阿尔法狗"。其实，这里的"Go"就是围棋的意思，它是英语里面一个来自日语的词。AlphaGo 是谷歌公司制造的专门下围棋的机器人。

那人类这边呢，你可能会抢答说："我知道，AlphaGo 打败了人类棋手柯洁，他可是当时世界排名第一的围棋棋手。"

你说得没错，但我要告诉你的是，不仅是柯洁，人类一流的围棋大师都和 AlphaGo 交手过。AlphaGo 团队的成员曾经在一个高手云集的围棋网站为 AlphaGo 注册了一个账号，让它挑战那里的高手。当时，全世界几乎所有的围棋顶尖高手都在这个网站上。在这里，AlphaGo 取得了 59 战全胜的成绩。可以说，人类所有的围棋高手没有一个能战胜 AlphaGo。

可我们前面说了，计算机不可能模拟围棋的全部棋局，"更深的蓝"和 AlphaGo 是怎么打败人类顶尖棋手的呢？我们一起用编程思维一步步分析一下这个问题。

以 AlphaGo 为例，既然 AlphaGo 不可能考虑所有的情况，那该怎么办呢？你或许也能想到，可以缩小思考的范围嘛。

那接下来，问题就变成了 AlphaGo 要考虑哪些情况。

当然是考虑对手会考虑的情况。AlphaGo 的对手是人类围棋大师。所以 AlphaGo 就有了应对方法，去学习人类大师的下棋方法。要说 AlphaGo 还真是"好学"，它一下就学习了人类大师的至少

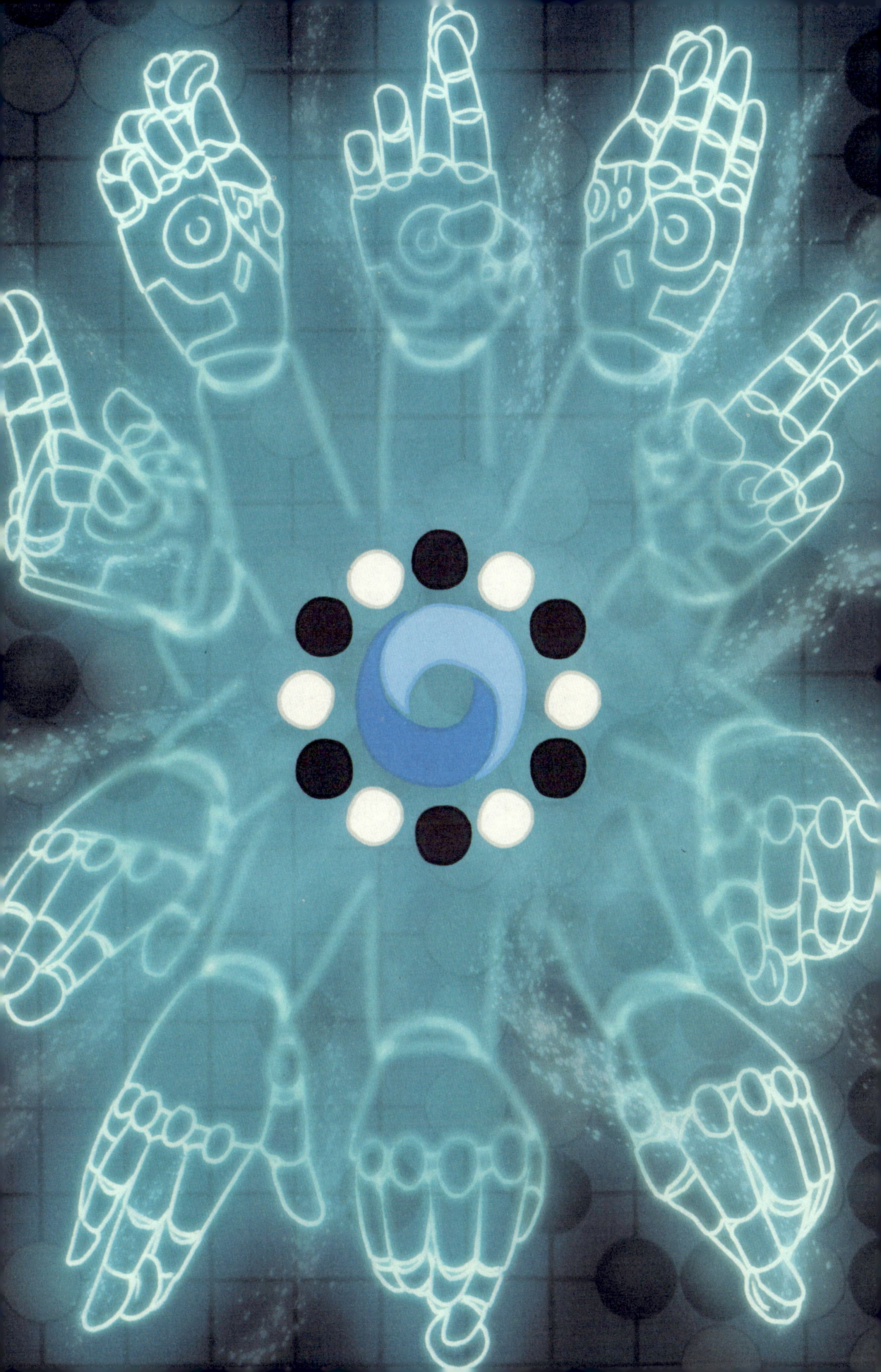

3000万种下棋的走法，对人类大师常用的下棋策略非常熟悉。

但只做到这一步还不够，围棋棋局的变化特别多，只会这些固定的套路肯定是不行的，于是AlphaGo又干了一件事，那就是练。当然了，没有人能和AlphaGo对练，于是它就自己和自己练，在下棋的过程中，在模仿人类大师的下法的同时加入一点点变化。

不知道你有没有发现，这和人类棋手学习下棋的过程很像，也是先学习，模仿前辈大师的下法，然后进行大量的练习，慢慢地形成自己下棋的风格。但在这个过程中，AlphaGo有几个人类不具备的优势。

首先，AlphaGo是计算机，它可以在短时间里下很多很多盘棋。人类棋手可能一辈子也就下数千盘棋而已，但AlphaGo自己和自己就下了千万盘，这么看来，AlphaGo可是相当"勤奋的"。

除了勤奋，AlphaGo还有超强的记忆力，它可以记住每一盘棋里的每一步棋是怎么走的，以及走完之后结果如何，这可是人类的记忆力做不到的。

经过一番学习和练习后，AlphaGo下棋的技术终于超越了人类大师。在这里我要告诉你，AlphaGo学下棋的这套方法，你在学习新东西的时候也能用上。

有一位魔方老师告诉我，刚学习魔方时，最好的方法就是照着魔方高手总结的公式去转，虽然你可能不太理解这些公式，但也没关系，这就和 AlphaGo 模仿人类大师下棋一样。等你熟练掌握了这些套路或者公式之后，还需要大量地练习。这个过程你可能会觉得枯燥，但随着碰到的情况越来越多，渐渐地你就能理解每个公式背后的原理了。而且，你很可能会发现原来的公式里还有不完善的地方。按照自己的方法，你完全可以做得更好。这样一来，说不定你也能成为魔方大师。

AlphaGo 在战胜人类的顶尖围棋棋手之后，它就不再继续下围棋了。研发 AlphaGo 的科学家团队决定做一件更有挑战性的事情——让机器人玩电脑游戏。在玩游戏方面，机器人也击败了人类的职业选手。

可以说在策略类游戏的比拼上，机器人大获全胜。或许你会担心，在现实生活中机器人会不会有一天也向人类发起战争？到时候我们还能击败它们吗？

需要说明的是，虽然人类在某些领域被机器人打得"一败涂地"，但你不用太担心。机器人这么厉害，归根结底是因为制造它们的科学家厉害。计算机的智慧进步其实反映的是人类智慧的进步。

15 模块化思维

为什么餐馆里的服务员不炒菜？

为什么餐馆里的服务员不炒菜？看到这个标题，你可能会觉得奇怪：这不是废话嘛，服务员要是会炒菜，那还要厨师干什么？其实，服务员不炒菜涉及一种非常厉害的编程思维，那就是模块化思维。

在讲解计算机前身的时候，我们曾提到巴贝奇想制造一台差分机。他从英国政府那里申请到了很多经费，结果也没有造出完整的机器。巴贝奇没有造出差分机，是因为这台机器的精度要求太高，以当时的技术条件来说太难实现了。

不过，这只是巴贝奇失败的原因之一。实际上，就在巴贝奇之后大约过了100年，在加工精度没有本质上提高的情况下，一个德国工程师却成功了，他的名字叫康拉德·楚泽。楚泽一没有政府资金的支持，二没有其他数学家的帮助，只靠自己的力量就造出了一台机械计算机。而楚泽能成功，就是因为使用了模块化思维。

模块奇迹

1910年，楚泽出生在德国柏林的一个普通家庭。他从小就特别喜欢制作一些稀奇古怪的小玩意，后来读大学，就干脆选了土木工程专业。25岁，楚泽大学毕业，来到柏林的飞机制造厂工作。

你可能会想：小时候做小玩意，长大了造飞机，楚泽这是梦想成真了，他肯定干得很开心吧！

事实恰好相反。楚泽在飞机厂的任务是给飞机做强度分析，也就是通过一大通复杂的数学计算，最后得出飞机结实不结实的结论。那时候，人们都是手工计算的，哪怕计算一个简单的式子，也要花一天多的时间。复杂一些的，花上几天、几个月都有可能。而且，如果算完了发现出错了，还要从头再来。

楚泽本身就讨厌做计算题，现在的工作却从早到晚都在做计算题，他真是烦透了。估计算到不耐烦的时候，撕了演算本的心都有了吧！

有一天，又是烦躁的时候，楚泽突然来了灵感：计算这么枯燥，为什么不让机器代劳呢？我来造飞机本来是想创造新发明的，可不是来做计算题的啊。按现在这种工作方法，我还不如直接回家造计算机呢！于是，在飞机制造厂干了两个月之后，楚泽就回家造计算机去了。

其实，那时图灵已经提出了通用图灵机的思想。可楚泽只是一个工程师，他对图灵这些科学家的思想一点都不了解，能造出计算机，靠的完全是自己的热情，还有一个天才的想法。

楚泽认为，计算机不能只有一种功能，而别的都不会。要造的话，干脆就造一台什么计算都能做的机器，加法、减法、乘法、除法，甚至更复杂的运算，全都要行。

可是，简单的运算还好说，复杂的运算机器能行吗？巴贝奇想要制造的差分机也是可以做很复杂的计算的机器。正是因为计算特别复杂，导致巴贝奇设计的机器也特别复杂，最终巴贝奇失败了。

楚泽虽然从没听说过巴贝奇，但他却好像吸取了巴贝奇的教训——他要把所有复杂的计算统统转化成加减法这两种最基本的运算。加减法运算很简单，相应的机械结构也很简单。只需要用机械搭建起能够实现基本运算的简单模块，然后把大量的简单模块拼起来，就能完成所有复杂的计算了！这就是模块化思维。

我们再做一个形象的比喻。乐高积木有两种拼法：第一种是照着成品的样子，从脚到头一块块地拼，拼完脚后拼身体，拼完身体再拼头；另一种则是先把整体拆分成几个大块，头、四肢、躯干，然后分别拼好这几个大块，最后再组装起来。

巴贝奇的做法有点像第一种，这种拼法看似快，实则慢。如果拼着拼着发现前边哪个地方拼得不对，那就要全部拆开重来。而第二种方法看着费了功夫，但其实很快。如果拼的时候发现哪个大块出了问题，就只需要把这个大块拆开重来就行了。楚泽制造计算机的过程跟第二种方法差不多。

巴贝奇没干成的事，楚泽靠着模块化思维干成了。他单枪匹马，只用了 2 年的时间就造出了世界上第一台通用机械计算机。随后，他又发明了第一台电磁式计算机，创造了第一种计算机语言，成立了世界上第一家计算机公司。这些第一，让很多人推崇楚泽才是名正言顺的"计算机之父"。

模块化思维如何简化生活

好了，故事讲完了。你可能会想：模块化思维能拼玩具、造计算机，这可以理解。可它跟服务员不炒菜有什么关系呢？

我们来设想一个场景：你去一家餐厅吃饭，这家餐厅有 5 个人，但它跟普通餐厅不一样，这 5 个人都是多面手，什么都能干。你一进店，就有一个人迎了上来，他招呼你选座位，然后又给了你

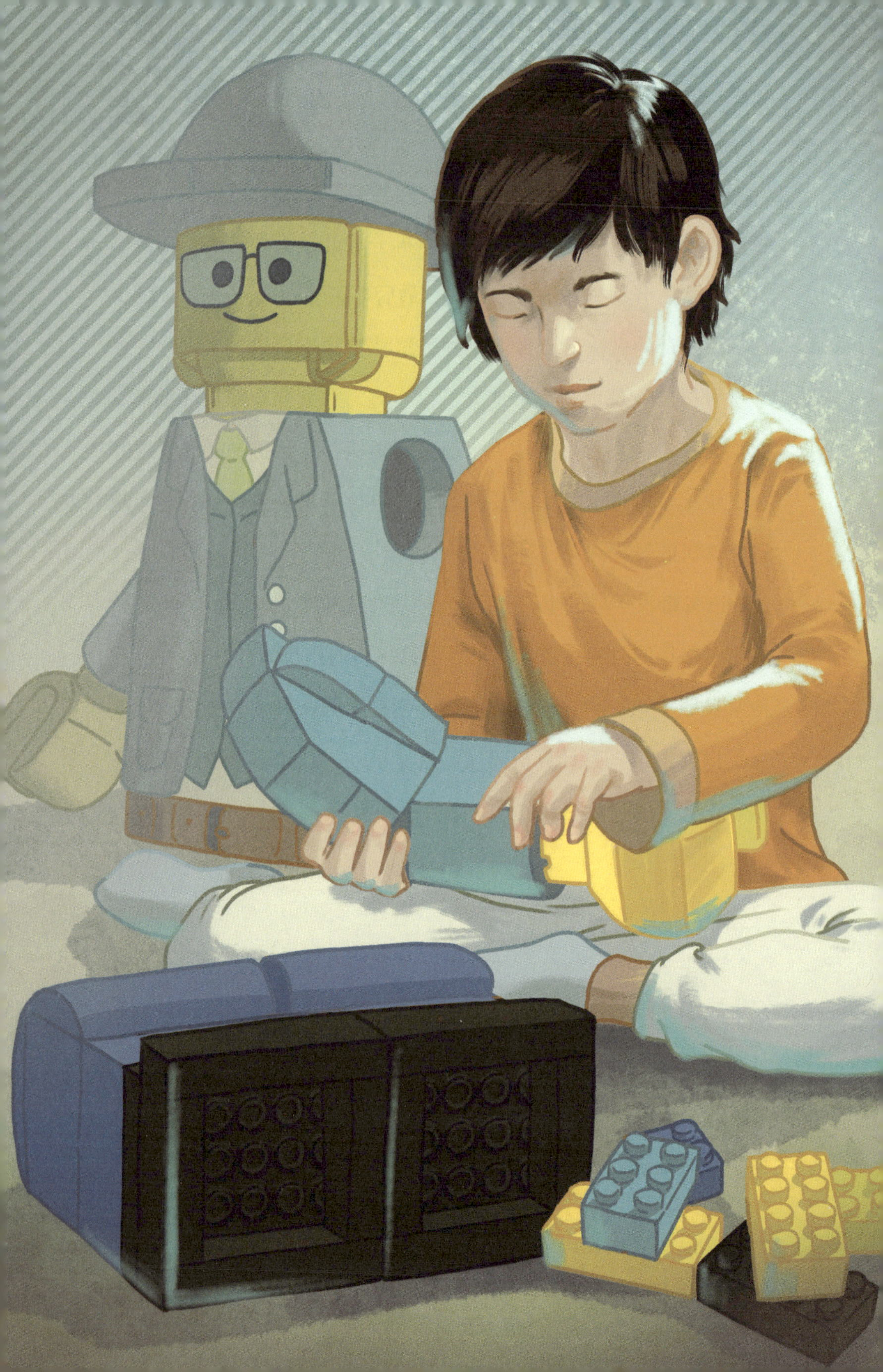

菜单，请你点菜。

到这里还一切正常。可是，等你点完菜，他拿着菜单就跑去了厨房，穿上围裙、戴上厨师帽，开始炒菜。炒着炒着，你口渴了，想喝点水。可是另外 4 个人都在招待别的客人，你的服务员还在厨房炒菜呢！你喊了几声，他终于听到了，赶忙摘下厨师帽、脱下围裙，从厨房跑出来给你倒水，倒完又立刻跑回厨房炒菜。

结果这么一耽误，等你把菜吃到嘴里，就一口喷了出来，嘿，炒煳了！

你看，是不是特别不省心。反正无论如何，好歹是把这一顿饭吃完了，这个服务员兼厨师，又跑到了收银台，收了你的钱，给你鞠了一躬说：菜炒煳了，请多多担待！然后又说："我们餐厅的宗旨是：'不想当厨子的服务员不是好收银员！'所以我们样样精通，啥都能干。"

不知道你听了这句话，心中作何感想。全能的你却把我的菜炒煳了。跟他们 5 个全能的服务员兼厨师兼收银员一比，正常餐厅的员工可真是太好了！

其实在餐厅里，员工各司其职也是一种模块化思维。每个人都只需要做好自己分内的事，虽然看着简简单单，但最后的效果却比每个人身兼数职好得多。

模块化思维在编程里也一样重要。现在的程序员在工作时，会把一个完整的问题拆分成一些模块，分别解决这些模块。比如有的模块相当于服务员，用来传递信息；有的模块相当于厨师，像炒菜一样处理数据；而有的模块就像收银员，负责记录和保存所有的数据。这种思维，在你将来写代码进行编程的时候一定会用到。

此外，模块化思维和我们的学习也关系密切。就说你背书的时候吧，怎么才能背得快呢？

如果一篇课文，从头一气读到最后，来来回回读好多遍，你可能也背不下来。但如果你把整篇文章分成几个模块，每个模块里面表达的是一个意思，那么你一个模块一个模块地背，背完再组合起来，就会快很多。

这种模块化思维之所以有用，也是因为人类的大脑天生就喜欢几个简单的模块，而讨厌一大团复杂的东西。模块化思维，很符合人类的天性，我们用得自然特别多。

第三章

解决生活难题的编程算法

16

蒙特卡洛

怎样用一把大米计算圆周率?

在小学六年级的数学课上,我们会学到一个数学符号 π,它表示"圆周率",是圆的周长与直径的比值。如果你想计算圆的周长或面积,都要用到圆周率。但要想精确算出圆周率到底是多少,这可不容易。在古代,各国的数学家们在这个方面都做出了很多努力。

在1500多年前,中国数学家祖冲之,将圆周率计算至小数点后边第7位,这是当时世界上最精确的圆周率。而且,他的这个纪录保持了约1000年。

祖冲之计算圆周率时,使用的是"割圆法"。这种方法很复杂,计算量非常大,所以祖冲之能把结果算到小数点后边第七位,确实很不容易。不过,时代在进步,后来更巧妙的方法出现了。现在,我就要教你用编程思维来计算圆周率。你只需要一把大米,就能

算出 π 的值了。这种方法或许没有祖冲之的那么精确,但效率更高。

蒙特卡洛

你应该已经学过如何计算正方形、长方形、圆形的面积了吧?这些图形比较规则,只要知道了边长或者半径,使用面积公式就能计算出结果。

可是你想过没有:不规则图形的面积该如何计算呢?

假如我在一张纸上画了一只熊猫,请你计算这只熊猫的面积,你能快速给出结果吗?

这只熊猫的面积,没有现成的公式可用,算起来有点麻烦!能不能把这只熊猫看成是由几个圆形组合起来的呢?它脑袋圆圆的、身子圆圆的,就连手都是圆乎乎的,用几个圆来代替它,算出来的面积应该大差不差吧。

这是个好主意。不过,还有一种更好的方法,用它,你能更快、更准确地算出熊猫的面积。那就是撒大米。

你只需要往这张白纸上均匀地撒一层大米。然后,你只需要数出落在熊猫图案上的米粒数和整个白纸上的米粒数,就能算出熊猫的面积了。

113

是不是有些困惑？别着急，我们用一个更简单的情况来说明。想象一下，如果一张纸上有一大一小两个圆圈，我们在这张纸上均匀地撒一层大米，大圆圈里的米粒数肯定比小圆圈里的多，对吧？

假如大圆和小圆的面积之比是2∶1，只要你撒的米粒足够多、足够均匀，那这两个圆圈里米粒的数量也会是2∶1。这样，我们就把图形的面积转化成了米粒的数量。同样，熊猫的面积也可以转化成米粒的数量。

当然，你可能会觉得一颗一颗数米粒太麻烦了。我们还可以用前面所说的编程思维再做一次转换，不算米粒的数量，而是算质量。米粒越多当然就越重嘛。

你可以先称一称落在大熊猫图案上的米粒的质量，然后再称一下纸面上全部的米粒的质量。两个质量一比较，也能算出大熊猫的面积。

怎么样，很神奇吧！不需要使用公式，拿一把大米，就算出了熊猫的面积。这个数大米的方法，其实有个正式的名字，叫蒙特卡洛法。一听这个名字，你或许以为有个叫蒙特卡洛的人发明了这种独具巧思的测量方法。

其实并不是，蒙特卡洛是欧洲的一座小城市，面积只有1.95平方千米。它虽然小，却是世界三大赌城之一，是赌徒们爱去的地方。

第三章
解决生活难题的编程算法

赌博不是什么好事,那为什么这个算法会起个赌城的名字呢?

这件事要追溯到 20 世纪 40 年代。当时美国的一些科学家正忙着制造氢弹。在制造过程中,科学家们遇到了一个很棘手的问题,这个问题也没有现成的公式可以套用。要是算不出这个题,氢弹就造不出来,大家都很着急。

这时,数学家乌拉姆想到了一个好主意。当时他正在打牌,突然想到一个问题:怎么计算自己拿到一手特殊牌面的概率呢。如果要用公式硬算,肯定特别困难。于是他换了个思路,既然硬算算不出来,不如用计算机模拟抓牌 1 万次,然后数一数其中有多少次拿到了这种特殊的牌面,不就行了吗?

这个思路与撒米算面积的方法是一样的,就是用模拟实验替代数学计算,以求得结果。制造氢弹的计算也可以使用这样的方法。于是,乌拉姆就赶紧跟另一位数学家冯·诺伊曼说了他的灵感。

冯·诺伊曼是当时世界上计算机玩得最溜的人之一,美国第一台电子计算机能制造出来,就离不开他的研究。听到乌拉姆的建议,他赶紧在计算机上编好了程序,问题果然解决了,氢弹也顺利制造出来了。

这个方法这么厉害,该起个什么名字呢?有一位数学家说:干脆起名叫蒙特卡洛法吧。这种方法本身就是受到牌局的启发而想出来的,它也会模拟各种各样的情况,乍一看跟翻来覆去投注

n= 10000 and points_inside = 7891, π = 3.1564

赌博差不多。用蒙特卡洛这个赌城的名字来命名多合适。然后，它就真的叫这个名字了。

用蒙特卡洛法计算 π 值

那蒙特卡洛法又是怎么计算 π 值的呢？

聪明的你可能已经想到了：在一张正方形的纸上画一个圆，圆的直径正好是正方形的边长。然后，闭上眼，撒大米！数出圆里的米粒数还有整张纸上的米粒数，就求出圆的面积了。有了圆的面积，也有了圆的直径，只需要进行简单的计算，就能算出来 π 值啦！

你想想，古代人为了算出 π 值，不知道花了多少年呢！现在，我们用一把大米就算出来了，这就是蒙特卡洛法的力量。

蒙特卡洛法不仅能帮我们算出 π 值，解出生活中不规则图案的面积，还可以帮科学家造出氢弹，是不是很有用？

17 并行计算思维

用最短时间炒鸡蛋

你做过饭吗？如果没有的话，你可以在爸爸妈妈的帮助下试着做一道简单的菜。

我相信，你第一次做饭肯定会手忙脚乱，葱花都不敢往油锅里放。而且你肯定做得特别慢，一道最简单的炒鸡蛋，也许就要花 5 分钟、10 分钟。

你或许会说："这是因为我还不够熟练嘛！"没错，不熟练当然是一个原因。但今天我要告诉你：做饭慢或许不只是因为缺乏经验，还有可能是因为缺少并行计算的思维。并行计算是什么玩意儿？你先别着急，我们先来讲一个寻找外星人的故事，奥秘就藏在这里头。

寻找外星人

我们在前面讲过，二战时的军队是用无线电传递军令的。有人想：既然无线电能够传播几百千米，甚至越过整个大西洋，那么，无线电能不能穿越宇宙带来外星人的消息呢？

1899年，无线电出现后不久，伟大的发明家特斯拉就报告说，自己在一次实验中偶然发现了疑似火星人发过来的信号。后来无线电的发明者马可尼也报告说，他的电台接收到了来自火星的信号。

有这么巧吗？人类刚刚发明无线电，火星人就发来电报庆贺了？实际上，特斯拉和马可尼两人的报告都缺乏实在的证据。后来有人分析，他们很可能把别的信号误认为是从火星发来的信号了。但不管怎么说，用无线电捕捉外星人的信号，确实是个好主意。

要知道，一些无线电信号能比可见光传得更远。夸张一点说，我们地球上的广播、无线电视信号，现在说不定已经传到了几十光年之外，外星人正看着你爱看的动画片哈哈大笑呢。而在地球上，科学家也希望能够探测到外星人发出的信号，就算没有外星动画片，听到一句"你好"总可以吧？

于是，在无线电发明之后的几十年里，美国建造了越来越多、越来越大的射电望远镜。这些望远镜的主要功能是接收来自宇宙的无线电信号。

比如阿雷西博望远镜，它的直径足足有305米，相当于100层楼的高度，如果外星人发出了什么信号，只要能传到地球上，就很容易"掉进"这口"大锅"里。

这么说，科学家接收到了很多信号，应该很高兴吧？然而实际上，望远镜这么大，接收到的信号太多，科学家根本来不及处理。

打个比方，如果是普通的家用计算机，说不定要花一年的时间才能处理望远镜一秒钟里接到的信号。所以，要想分析这么多的数据，必须让超级计算机出马。但问题是，超级计算机算得快，花的钱也多。

本来美国政府很支持寻找外星人，曾经还发动全国人民一起寻找。但是几十年过去了，连外星人的影子都没找到。有人认为：国家的钱是人民辛辛苦苦赚来的。现在可倒好，你们不拿这钱去帮公民看病买药，偏偏要去找什么外星人。这不是乱花钱嘛！

美国政府一听这话，也就不敢再往寻找外星人上砸钱了。所以，科学家们现在面临着一个大难题：手里有一大把数据，可是没钱租超级计算机来处理数据。怎么办呢？

如果是你，你会怎么办？号召全国热爱外星人的同胞团结起来，给政府施加压力？还是干脆号召大家捐钱给科学家，帮助他们租一台超级计算机？

这些方法都不错，但是跟下面的这个方法一比，可就差远了。

▫ 并行计算帮大忙

在一次鸡尾酒会上，有个名叫戴维·格迪的计算机科学家想到了一条妙计。也许是一杯酒下肚的功劳，他突然想到：能不能干脆让热爱科学的人们直接在自己家里帮忙寻找外星人呢？

你想，在20世纪90年代，互联网在世界范围内已经比较普及了。许多家庭都拥有计算机。这时只要制作一个分析外星人信号数据的软件，把这个软件装在你家的计算机里，然后再把望远镜接收到的信号通过网络传到你的计算机上。等你睡觉了、计算机闲着没事的时候，就可以分析这些信号了。

戴维说干就干，拉起一帮人发布了"在家寻找外星人"（SETI@home）的软件，任何人都能下载到自己的计算机上，一起寻找外星人！

这个软件一经发布迅速火爆。从1999年到2020年，全世界一共520万人下载并参与了搜寻外星人计划。那这么多计算机加在一起，真的很厉害吗？

确实如此。有人计算过，2013年"在家寻找外星人"项目的运算能力已经比得上2008年世界上最厉害的超级计算机了。就

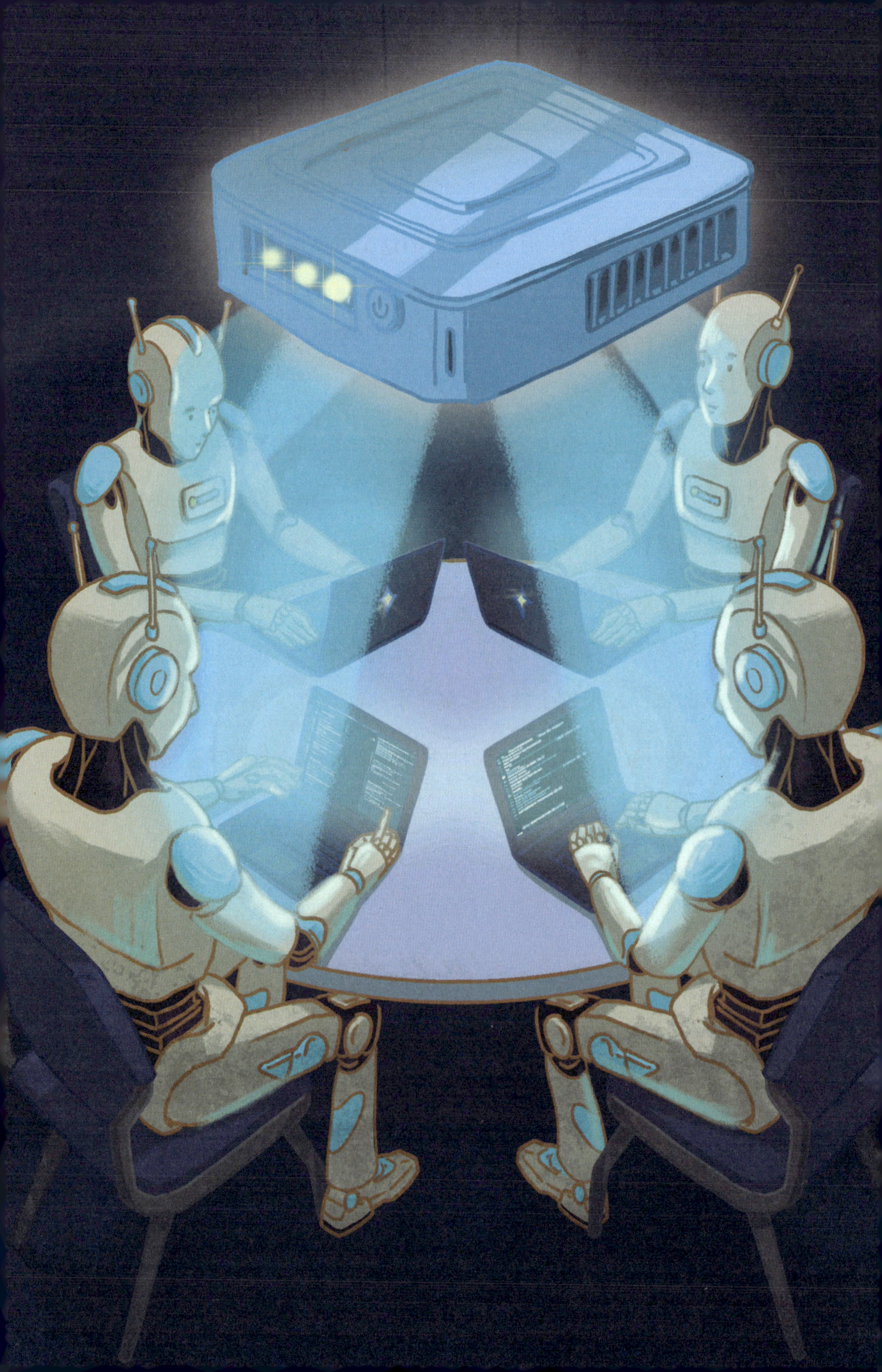

这样，戴维把一个大任务拆分成很多可以同时进行的小任务，让很多计算机同时运算，最后顺利解决了问题。

这种方法，在计算机科学领域，属于"并行计算"的一种。所谓并行，就是同时进行的意思。

或许你会问，找外星人和做饭有什么关系？别着急，我们回过头来看看，如何用并行计算提升做饭的速度。

我们先来详细划分一下炒鸡蛋的步骤，并预估一下每步要花的时间。

你回想一下，炒鸡蛋是不是一般分为三步：

第一步食材准备工作，敲破鸡蛋10秒钟，切碎葱花20秒钟，搅拌葱花和鸡蛋30秒钟，一共1分钟；

第二步，花1分钟把油烧热；

第三步，花3分钟把蛋炒熟。

按这个顺序，炒鸡蛋总共要花5分钟。

可是，还能不能更快点？如果使用并行计算的方式思考，我们就能看到——第二步把油烧热，完全可以跟第一步食材准备同时进行！

这样，你每次炒鸡蛋前就可以先把锅放在灶上，开火先热着。然后，趁着热锅的时间把鸡蛋敲破，把葱花切碎，把鸡蛋葱花搅匀。这些准备工作做好了，锅里的油也正好热了，把鸡蛋放进去炒就可以啦。照这个方法炒鸡蛋，只用 4 分钟就够了，比之前足足节省了 1 分钟。

这种方法是不是有点眼熟？可能你的爸爸妈妈就是这样炒鸡蛋的。我们给它起个名字吧，不如叫并行计算炒蛋。而之前那种花时间更多的炒蛋方法，我们也给它起个名字，叫串行计算炒蛋。所谓串行的意思，就像是往糖葫芦上串山楂果，只能按顺序一个一个地串，前一个没串好后面的就得等着。串行计算看起来很省心，但通过前面的例子你肯定也知道了，它会浪费时间。

其实，现实生活中的超级计算机之所以威力巨大，也是因为它采用了并行计算。一般的计算机里有 8 个或 12 个计算核心，而超级计算机里有几百万个。如果把一个大问题拆分成几百万个小问题，那用几百万个计算核心同时算，运算速度不就能够提升几百万倍了吗？

最后，如果你也想在家寻找外星人的话，我得告诉你一个坏消息：这个项目已经暂停了，而且阿雷西博望远镜也因为缺乏经费保养，不幸垮塌了。所以，你暂时不能在家寻找外星人了。

但是，现在网络上还有很多酷炫的项目可以尝试。比如，如果你参与了"在家折叠蛋白质"（Folding@home）项目，就能够帮助科学家解析病毒的蛋白质结构。这样看来，并行计算是不是很有意义呢？

18

量化思维 + 权重思维

怎么选班长最公平？

在生活中，我们每天都要做各种各样的决定。比如，爸爸妈妈可能让你挑选一个玩具作为生日礼物。可是有好几个玩具你都想要，陷入纠结时，你会怎样做出选择？今天我就要教你一种编程思维里常用的方法，让你在做决定的时候不再纠结。

在正式开始之前，请你看一个例子。

假如你们班上有 3 位同学竞选班长，分别是 A、B、C 三位同学。

A 同学成绩特别好，是全班第一名，但是不太合群，好朋友比较少。

B 同学成绩一般，但是人缘特别好，和谁都能玩到一块儿。

C 同学品德好，正直善良，还特别愿意帮助别人，但人缘不如 B 同学。

假如让你来选，会选谁做班长呢？这三位同学每个人都有自己的专长，成绩、人缘、品德，各占了一项。虽然我们不能说成绩代表一切，但是作为班长，成绩好确实可以给大家起到表率作用，这挺重要的，对吧？但人缘好也很重要，毕竟班长是要和全班同学打交道的，选一个大家都喜欢的人也是理所当然。品德更不用说了，你肯定不能选一个品德不好的同学当班长。

那问题就来了，A、B、C这三位同学，谁最合适当班长呢？如果你现在手里有一张选票，你会把它投给谁呢？

用投票这个方法选，可能人缘好的B同学最有可能当选班长。他比较受欢迎，大家可能都会投票给他。但实际上，很可能品德好的C同学更适合当班长。而且成绩好的A同学虽然现在不合群，但说不定在当了班长之后，随着和同学们的交流逐渐深入，也会慢慢融入集体。这真是个棘手的问题。

其实，要选谁做班长，就是要做一个决策。对计算机来说，做决策是特别常见的事情。比如，前面说过的判断下一步棋要怎么走，如何判断一张图片上的动物是猫还是狗，等等，都是做决策。

现在，有些科学家在研究一种软件——只要观察一个人的面部表情，就能判断出这个人的情绪是惊讶、生气、高兴、还是害怕。这也是在做决策。或许，我们可以先通过这种情绪判断软件，看看科学家是怎么让计算机做决策的。学会这个方法，你自己也能轻松解决选班长的问题了。

用数字语言读懂你的情绪

我们在前面提到过,计算机要先把图片上的一个个像素都转换成数字,经过学习,它就能够分辨出来哪里是眼睛、哪里是嘴巴了。但要想读懂表情,光能分辨眼睛、鼻子、嘴肯定是不够的,计算机还要找到我们脸上反映情绪的关键位置。

比如,你开心的时候嘴角会上扬,眉毛中间也会往上翘。像嘴角、眉毛这些地方,能特别明显地反映一个人的情绪,这些都属于关键位置。当然,光有两个关键位置还不够,为了让计算机能够更精确地判断我们的情绪,科学家在我们的脸上找了几十个关键位置。

那现在,有了可以观察的关键位置,具体要怎么判断呢?

你要是说:"这个人眉毛都扬上天了,嘴角都咧到耳朵根了。"我们人类肯定能听懂,还能判断出来这个人很高兴。但这依赖的是感觉,计算机可没有这种感觉。我们在前面讲抽象思维的时候提过,计算机只能处理数字。

这时候,就要用到抽象思维里的一种方法:定量化。说白了,就是用一些具体的数字来表示眉毛、嘴巴的变化。比如眉毛上扬了 2 厘米,嘴角弯曲了 10°,可能表示微笑或惊讶。有了这些数字,计算机才能做出判断。

当然，人类的表情太复杂，科学家很难找到一个能同时适用于眼睛、鼻子、嘴巴的算法。还记得我们前面说的模块化吗？在这个问题上，科学家也可以制作好几个模块，每个模块都有各自擅长的领域。假如科学家造了几个模块，让它们分别担任眼睛专家、嘴巴专家、鼻子专家……

每个专家模块都会给出一个判断，比如眼睛专家认为，这个人眉开眼笑，投 9 分给高兴，投 7 分给惊讶；嘴巴专家不同意，觉得这个人大张着嘴巴应该是惊讶，所以给惊讶 8 分，给高兴 5 分；鼻子专家给高兴投了 1 分，愤怒投了 5 分。

这时，如果你把分数加起来，可能发现高兴和惊讶都是 15 分。可必须选一个，怎么选呢？这就要说到另一种有意思的方法了，叫作给权重。权重是什么意思呢？

权重裁判

你可能看过一些唱歌的比赛，现场观众和一些音乐专家都可以给选手投票。观众投一票就是一分。但音乐专家就不一样了，他们更专业，所以他们投的票更有分量，每一票都要乘 10，值 10 分。这个 10 就是给专家的权重，权重越高，代表投票对象越重要。

在反映情绪这件事上，鼻子的重要性可能没有眼睛和嘴巴那

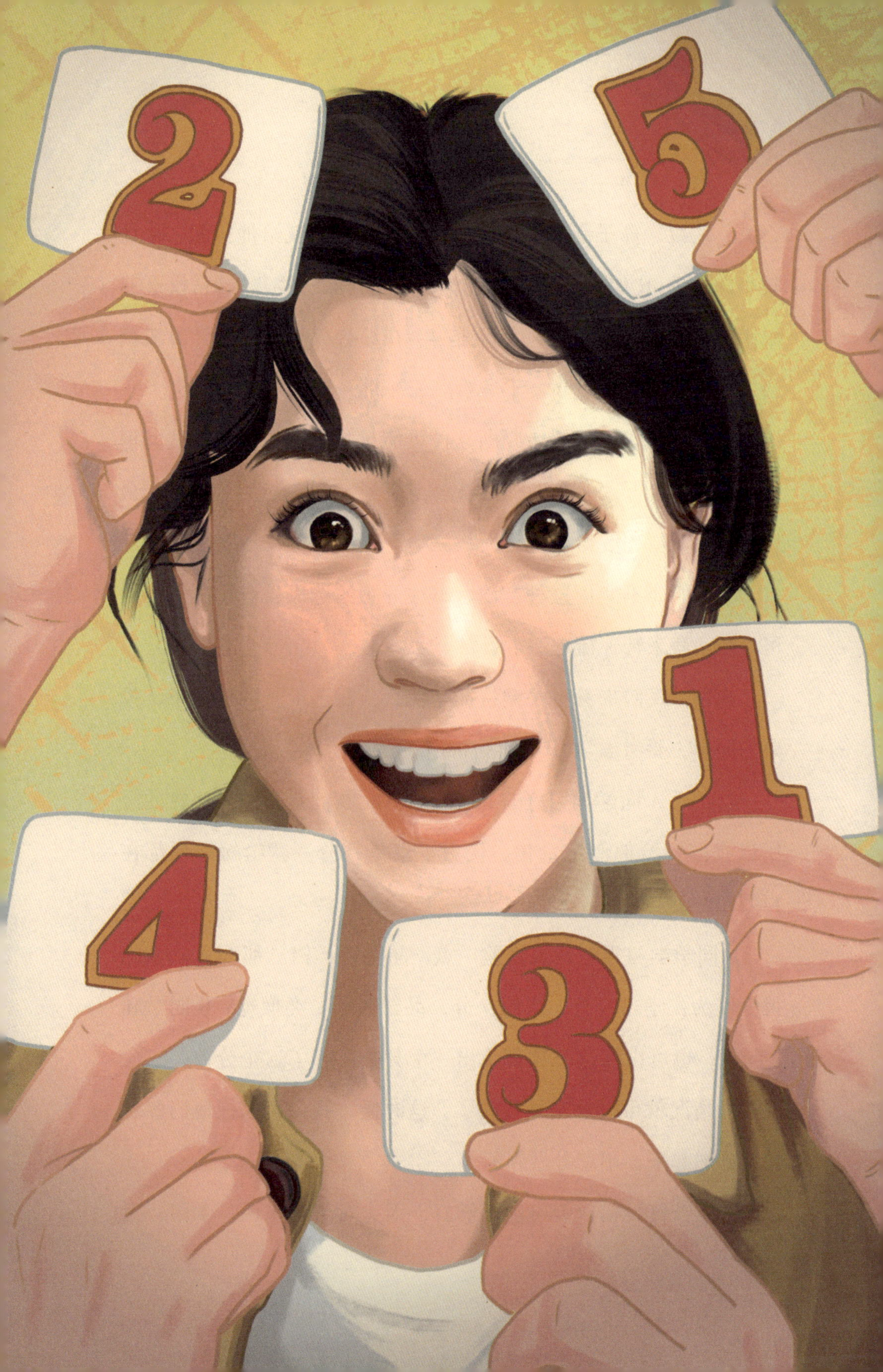
2
5
1
4
3

么大，所以，鼻子专家说话分量比较轻。我们就给他分配一个比较小的权重，比如1；嘴巴专家比鼻子专家权威一些，就给它权重3；眼睛专家最有分量，它的权重是4。在综合权重之后，计算机就会发现高兴的分数最高，于是给出了判断——"高兴"。

当然，现实中的情绪判断软件可能比我说的要复杂一些，但做决策的方法是类似的——要先找到关键特征，然后定量化，最后再根据重要程度给权重。

那我们能不能用这种方法，解决开头的选班长难题呢？当然可以啦。我来帮你梳理一下思路。

首先，我们来看看关键特征是什么，在选班长的例子里，投票的同学主要考虑学习、人缘和品德这三项。

但光说 A 同学学习好，人缘不太好，我们是没法做比较的，所以我们要给他们定量化，说白了就是打分。就给每一项都在 1 ~ 10 的范围内打分吧。

A 同学学习很好，人缘差一点，品德还不错。那么 A 同学的得分即为：学习9分，人缘7分，品德8分。类似地，B 同学和 C 同学，也可以在这三项都给出一个分数。有了这个分数，三位同学的情况就可以拿来做比较了。这时候，我们可以把他们各自的得分加起来，用总分做判断。

这样当然没错，但可能不够好，因为对班长来说，学习、人缘和品德，这三项的重要程度不一样，需要用到权重思维。选班长不是选学习委员，成绩的重要性相对低一些，就给它一个权重2；人缘稍微重要一些，给权重3；品德最重要，就给它权重5。

假如综合算下来，A同学总分79分，B同学总分80分，C同学总分84分，C同学最高，那我们可以推选C同学当班长。

其实，除了选班长，这种量化思维与权重思维的判断方法，在做各种各样的决策的时候都可以用上。比如决定要去哪里玩，晚上要吃什么……如果犹豫半天还定不下来，那你就可以试试这种方法。

19 预想极端情况

2038年世界会毁灭吗?

在编程里面,纠错这件事有个专门的词,叫"debug"。纠错是计算机编程里的头等大事,程序员要像我们检查作业一样,排除程序里的错误。

"bug"这个词你一定听说过。它在英语里是小虫子的意思。在"bug"前加个"de"变成"debug",就成了"消灭虫子"的意思。在计算机领域,bug指程序里可能出错的地方。debug就是排除这些问题。你有没有好奇过,计算机程序里的错误跟虫子有什么关系呢?

▫ **千年虫危机**

这件事,还要从一位女程序员格蕾丝·赫柏说起。

第三章
解决生活难题的编程算法

格蕾丝是一个真正的天才程序员。她设计了世界上第一个商用编程语言，而且因为在计算机领域的成绩，她成了美国历史上第一位女将军。此外，她还参加了世界上第一台通用计算机"马克一号"的研发工作，是"马克一号"的第一个专职程序员。后来，她又参与了"马克一号"的弟弟"马克二号"的研发工作。

有一天，"马克二号"计算机突然就不工作了。格蕾丝就去找原因，找来找去，最后发现，原来是有一只蛾子飞进了计算机，造成了短路。格蕾丝把蛾子拿出来，问题很快就解决了。

解决问题之后，格蕾丝在自己的工作记录里写道：我发现了一只虫子——也就是"我发现了一个bug"。有意思的是，她还把这只蛾子贴到了自己的工作记录里。现在，这一页工作记录被送进博物馆保存了起来。

从此以后，bug这个词作为计算机程序中的错误的代名词，逐渐就流行开来。而格蕾丝也因此被称为"debug之母"。

不过，有意思的是，"debug之母"本人竟然是世界上最可怕的bug的制造者。这个bug有个名字，你可能也有所耳闻——"千年虫"。

那个时候，计算机才刚刚诞生，运算能力非常弱，内存非常宝贵。在给"马克一号"编程时，格蕾丝使用了一个简化年份的方法。这个做法，我们平时说话也会用到，比如把"2008年"简

133

化成"08年",把"2021年"简化成"21年"。

在格蕾丝的设置里,程序如果要记录"此刻"的时间,也就是正在发生的事情所处的时间,就会把这个时间的年份简化为后两位,然后默认前面有一个"19"的前缀。换言之,如果记录的年份是"65年",那就默认这是"1965年";如果是"86年"就默认是"1986年"。

这个方法很好用。后来,其他的程序员在编程的时候,也沿用了这个方法。在很长的一段时间里,几乎所有的程序都是这样处理年份的。

可是到了2000年,计算机记录的年份就变成了"00年",如果默认前面有个"19",那不就成了"1900年"?这么一来,2000年和1900年就弄混了。

因为这个bug和2000年这个年份有关,所以大家就叫它"千年虫危机"。

其实,早在1958年的时候,就有人意识到了千年虫危机,但很多人并不觉得这是个问题,毕竟谁都没想过自己写的程序能用几十年。

但是,随着时间一天天靠近2000年,人们渐渐发现了不对劲,到1998年、1999年的时候,竟然还有好多程序都在用这种记录时间的方法,其中还包括很多政府、银行、军队使用的程序。当时的人们都特别紧张。

你可能会觉得好笑，这有什么好紧张的呢？我们的手表有时候走得也不准，发现时间不准了调一下不就好了吗？

事实并非如此，在计算机里，时间对不上可是个很严重的错误。它有可能导致正在运行的程序突然崩溃。

这要是发生在我们自己家里的计算机上倒还好，最严重的后果无非是报废一台计算机。但在其他地方却有可能造成严重后果。比如特别依赖计算机的现代军队，战斗机保持飞机平衡、搜索和锁定敌人都要靠计算机的帮助。坦克瞄准敌人开火，干扰敌人的导弹让它们打不准，靠的也是计算机。

你可以想象一下，假如一架战斗机在1999年12月31日晚出去执行任务。飞着飞着，时间一过0点，战斗机上的电脑突然就不工作了，战斗机一下子失去了控制，搞不好会载着武器一头撞向城市。这太糟了！

如果哪个国家在这个时候发射了一枚导弹，那就更惨了。负责给导弹导航的计算机可能会突然失控，谁都不知道导弹会打到哪里去。甚至还有人认为，核弹的控制系统也会受到影响，万一系统崩溃，核弹自动发射，那绝对会导致灾难性的后果。

当然，核弹自己乱发射这样的事可能不会发生，但"千年虫"确实会造成很可怕的后果。比如，政府的计算机里记录着大量的公民信息，银行的计算机里记录着每个人的账户上钱的数目，如果这些计算机出了问题，就会引起大混乱。

为了让各行各业的人们都意识到"千年虫"的危害，1999年前后，全世界都在做各种宣传。在1998年到1999年之间，科学家们也紧急对各行各业的计算机系统、程序进行了优化。全世界耗费了几千亿美元，才让人类社会平稳地度过了千年虫危机。

当然了，在2000年，"千年虫"还是引起了一些小麻烦。比如，当时人们经常去商店里租一种叫电影录像带的东西带回家看，看完之后再还给商店。有些商店的计算机可能显示，这个人还录像带的时间晚了100年，要收他一大笔钱。再比如，有些人要打官司，结果收到了法院的通知，开庭时间是1900年某月某日。像这样的小问题有很多，但好在没有引起什么严重的后果。

其实，到2038年，计算机还会经历一次类似的危机。这个时间点和我们前面说过的二进制有关，相当于二进制里的千年虫危机。但这次，人们早早地预料到了问题，应该不会造成什么糟糕的后果。

你看，对计算机科学家和程序员来说，提前发现问题并做出处理，是一项特别重要的能力。实际上，现在人们在编写程序的时候，都希望在程序投入使用之前就找到bug，并把它们解决掉。

那你肯定会问，谁都不想让自己的程序出错，可是要怎么提

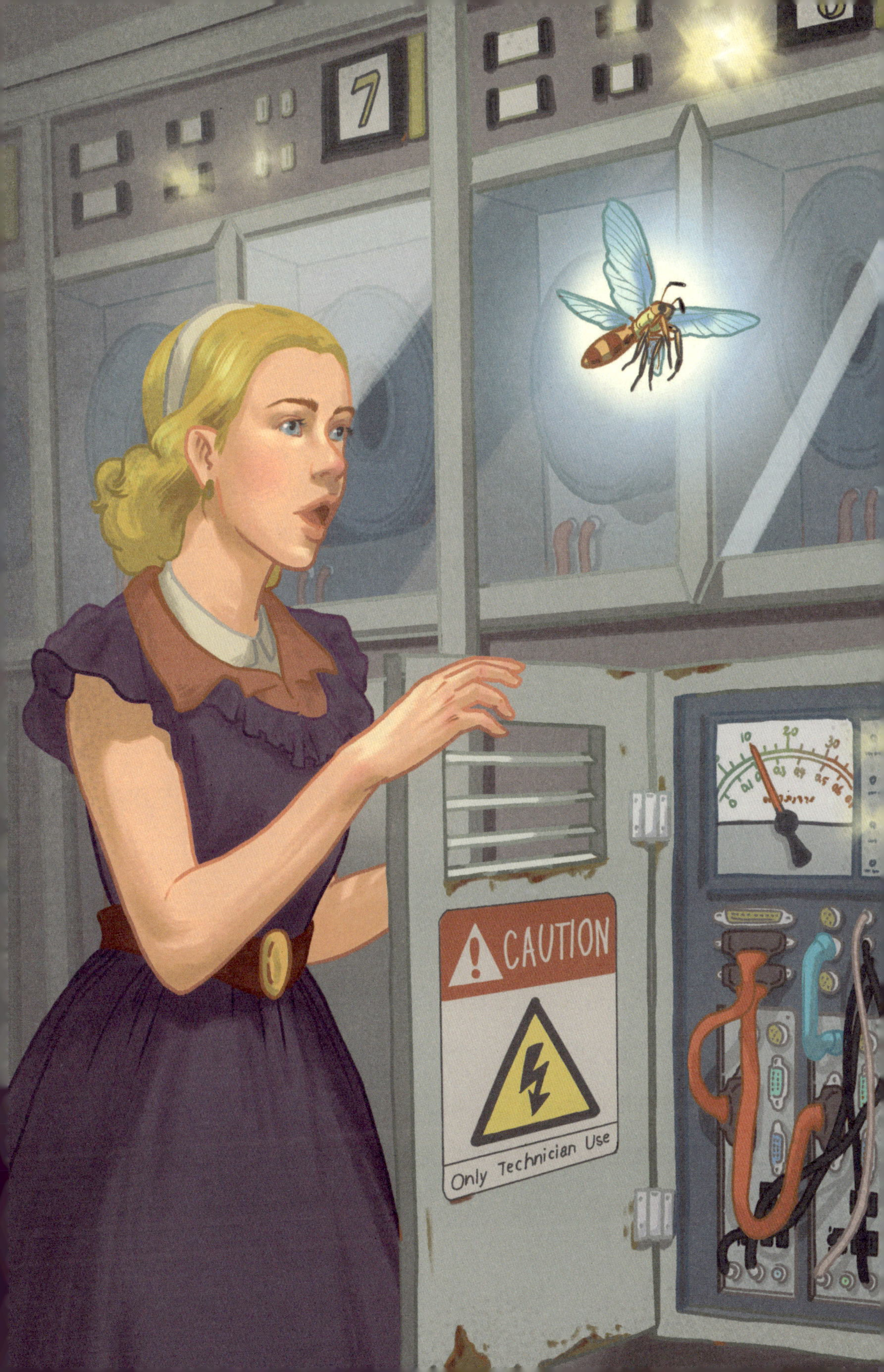
7
CAUTION
Only Technician Use

前找到可能出错的地方呢？这里，我要教你一种思考方式，叫作"预想极端情况"。

预想极端情况

比如，我让你编写一个能做除法的程序，输入除数和被除数，就能算出它们的商。这听起来非常简单，如果你学过基础编程，可能不到一分钟就能写出这个程序。那你能不能想想，这个程序有什么地方可能会出错呢？能不能给它 debug 一下呢？

在除法里，0 是不能做除数的。所以，如果有人在除数这一栏输入了 0，那么程序就可能会出错。这就是一个极端情况，要提前做好应对的准备。你可以设置成，如果有人在除数一栏输入了 0，那程序就不会进行运算，而是直接弹出一句提示："0 不能作为除数。"

那还能不能继续 debug 呢？当然可以，我们还是思考极端情况，还有什么比输入 0 更糟糕的情况吗？

当然有。有人可能输入一个文字，一个笑脸，还可能什么都不输入……这些都是极端情况。我们也得提前对这些情况做好准备。

你可能会觉得，我们这明明是一个做除法的程序，怎么会有人输入文字、表情符号呢？这不是在搞破坏吗？你别说，程序员在给程序挑错的时候，就像是故意给程序搞破坏，这样才能做到万无一失。

其实，不光是设计程序，在日常的学习、生活中，考虑极端情况也特别有用。例如，在一些比较重要的考试上，你就要提前考虑可能出现的最坏情况，比如笔可能会突然坏掉、老师不提供草稿纸等等。这些其实我们都可以提前考虑到，提前做好准备。

另外，如果你要参加一场演讲比赛，赛前你可以找一位同学扮演特别爱挑毛病的评委，让他故意给你挑挑刺。虽然真正的评委可能不会这样苛刻，但提前考虑好最糟糕的情况，可以确保万无一失。

当然了，再厉害的程序员难免也会有疏忽的时候。万一一款有问题的程序上线了，我们有没有办法对它进行 debug 呢？当然是有的，下一节，我们就来说说这种时候特殊的 debug 方法。

20 灰度测试

计算机程序会杀人？

上一节我们提到，编程中特别重要的一项内容——debug，也就是找错误。你也认识了一位优秀的程序员，还知道了由她亲手制造出来的一个大 bug。毕竟，再精明的程序员也会有疏忽的时候，而且有些问题只有在长时间的实际使用中才会显现出来。

如果一位程序员拍着胸脯跟你保证，说自己的程序没问题了，但你又不太放心他的程序。那有没有别的方法能帮他 debug 一下呢？

这个时候，你可能要抢答了："老师我知道，我们在编写完程序之后，可以在自己的电脑上试着运行一下。程序员也可以用这个方法给程序捉捉虫嘛。"

这个办法当然是可行的，比如有些代码写错了，程序运行到这里就会停下来。另外，如果编写的程序陷入了死循环，你也可以通过这个方法提前发现。

但有时候，程序本身并没有什么硬伤，也就是说，它可以顺利地运行。可要是出现了一些特别的情况，说不定就会出错。这些特别的情况，程序员在编写程序的时候不太可能预先想到，或者不太可能全部都预先想到。很多时候只有在实际使用中才会出现。

杀人的计算机程序

在 30 多年前，有一家公司制造了一种放射性治疗机。你可以把它想象成一种特别强大的 X 光机，它可以发射能量很大的射线，把病人身体里的坏细胞给杀死。

医生们经常用这种机器来治疗癌症，使用得还挺多。不过，这家公司造的放射性治疗仪出了点问题——它虽然能启动、运行，但是在运行的过程中经常会出现一个很危险的意外情况——机器会无缘无故增加射线的强度。这个强度最高会达到之前预定值的 100 多倍。有些病人在接受照射的时候，觉得身上像被火烧了一样疼，有人甚至疼得从床上蹦了起来。

高强度的射线照在身上是一件非常可怕的事情。放射性射线固然可以杀死癌细胞，但也可以杀死正常细胞。如果射线的强度太高，就会杀死健康细胞，严重的甚至能直接把人杀死。这家公司生产的放射性治疗仪最后照伤了6位病人，其中有4位病人在接受过量的照射之后没过多久就去世了。

事态严重，程序员赶紧对机器进行了检查。可查来查去，按照正常的操作，程序是不会出问题的。难道是有人违规操作了程序？可是给人治病是生死攸关的大事，医生肯定不会乱操作的。这让调查陷入了僵局。

好在，有一位医生回忆起了一个小细节：机器出故障的时候，会弹出一个提示。抓住这一点，程序员们经过分析后发现，这个错误竟然是因为正常操作引起的。

正常操作怎么会导致悲剧发生呢？是不是有的新手医生笨手笨脚的，操作不够熟练呢？恰恰相反，问题出现的原因是医生操作机器的时候太过熟练了。原来，如果操作人员非常熟练，那么他们往机器里输入参数的时候就会非常快。程序员在设计程序时，从没想过有人能操作得这么快。信息输入得太快，机器一下子处理不过来，就会出现问题。这就是悲剧发生的原因。

你看，这就是程序员压根不太可能想到的问题。因为只有在实际使用中，这样的问题才会暴露出来。程序员在设计程序的时候，不太可能想到"使用者太过熟练"这样的事情吧。那这一类问题，有什么debug的方法吗？

你还别说，还真有一种现成的解决方法。这种方法可以让几万人甚至几十万人一起帮程序员测试程序。这种测试方法，叫灰度测试。

灰度测试

你可能没听过灰度测试，但我敢肯定，你一定参与过这种灰度测试。因为我们所使用的手机上，绝大多数的 App 都在使用这种测试方法。

简单地说，灰度测试就是先让一小部分人试用程序员编写的新程序，等确保没有问题了，再给所有的人使用。

假设，某款 App 要做一次更新，把某个栏目取消，换成一个每天播动画片的板块。为了确保新版本的 App 能正常运行，程序员肯定会绞尽脑汁，排除掉每一种出错的可能性。最终觉得没啥问题了，就要请出灰度测试了。

程序员会从这款 App 的用户里选出一小部分，请这部分用户更新自己的 App。这一小部分可能只占全部用户的 10%。这个数字听起来很小，但市面上许多 App 的用户是非常多的，这 10% 所包含的人数也已经很多了。这些参加灰度测试的用户所使用的手机，差不多能覆盖市面上所有的手机型号。

143

如果有些手机屏幕尺寸比较特别，播放不了动画片，那么程序员就能在这个阶段发现问题，并解决掉。这样一来，程序错误就只会影响很少一部分的人，绝大多数的人还可以正常使用。

另外，灰度测试还有一个优点，它可以判断这个更新符不符合大家的预期。

如果更新完之后，这 10% 的人都觉得，动画片去哪里都能看，但原来的栏目在其他地方是获取不到的，都要求改回原来的样子。这样一来，这次更新很可能就会取消。这一点，靠检查编程代码是发现不了的。

当然了，除了在编程领域有用，灰度测试的思想也可以用在其他地方。比如你回到家，妈妈正在做一锅海鲜汤。之前，她并没有尝试过这道菜。做好之后，爸爸建议往里面放点胡椒，妈妈建议放点醋。

如果直接往大锅里放胡椒或者醋，万一不好喝，这一锅汤可就毁了。相信了解灰度测试后，你肯定能想到，这时可以先取一小部分汤，比如小半碗，在里面加入胡椒或者是醋，尝尝到底哪个好喝。等判断完之后，再往整锅汤里放调料，这样才最保险。

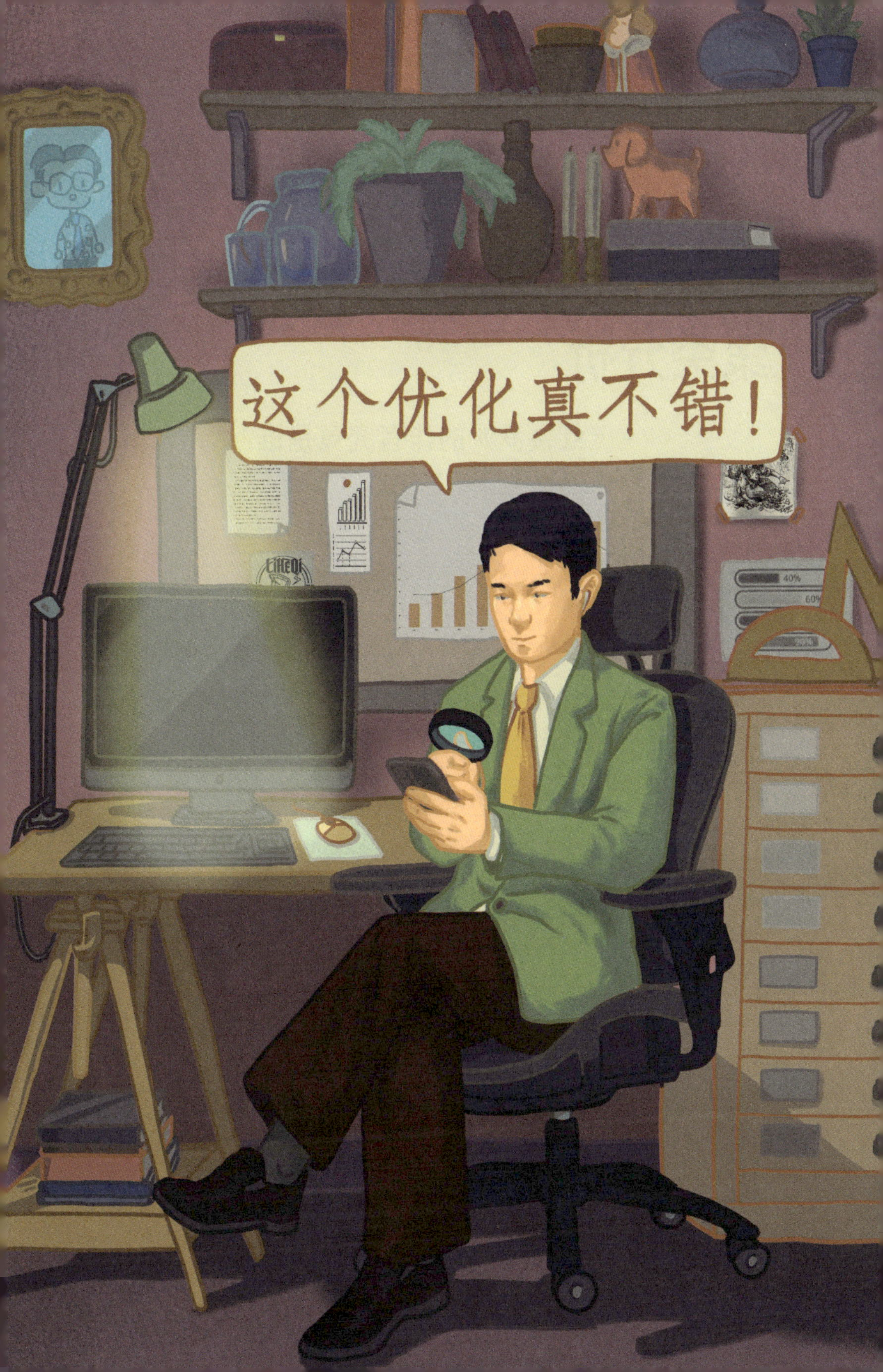
这个优化真不错！

21 聚类分析

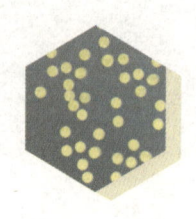

——《红楼梦》的作者究竟是谁?

编程思维可以分析一个超级大谜题:《红楼梦》的作者究竟是谁。

你可能有疑问:难道作者不是曹雪芹吗?至多再加上一个高鹗。我家那本《红楼梦》,封面上清清楚楚写着呢。

这个问题,我就得多说两句了。《红楼梦》的作者是谁,这个问题可没这么简单。

《红楼梦》作者之谜

在四大名著里,《红楼梦》是争议最多的一本,甚至研究《红楼梦》都成了一个专门的学科。研究《红楼梦》的人也有个称号,叫"红学家",就跟研究生物的生物学家、研究物理的物理学家

第三章
解决生活难题的编程算法

一样。

在《红楼梦》问世之后的 200 多年里，叫得上名的红学家已经出了上百位，不出名的也有成千上万人。你熟悉的鲁迅，就算得上是个红学家。这么多人研究的一个最重要的课题，就是《红楼梦》的作者究竟是谁。

有人统计过，红学家们已经给《红楼梦》研究出了 65 个可能的作者。在这 65 人中，甚至还出现了明朝最后一位皇帝崇祯和清朝的顺治皇帝。

你看，红学家的脑洞够大吧，前后脚的两个朝代的两个皇帝，竟然都有可能是《红楼梦》的作者。

怎么会蹦出这么多可能的作者呢？要怪只能怪历史上留下的信息实在太少了。

比如曹雪芹，现在我们连他的生卒年、长什么样、到底怎么写的《红楼梦》都不知道。有关他的信息加起来可能不到 1000 字。难怪红学家们要大开脑洞呢。

民国时期，大学者胡适提出了目前的主流观点：《红楼梦》的 120 回里，前 80 回是曹雪芹写的，后 40 回是高鹗写的。

这个说法是目前最常见的，但反对者也不在少数。直到现在还有一些人认为，整本书都是曹雪芹写的，甚至还有人认为曹雪芹、高鹗都不是作者，真正的作者另有其人。

不过，文学上的争论是没有哪方绝对正确的。同样一篇文章，可能你觉得很美，但别的同学可能就不喜欢。就像数学考试和语文考试的差别。数学考试，你错了就是错了，看到考卷上最后的分数，你肯定心服口服。但语文考试就不一样了，凭什么他的作文得了满分，而我的就要扣5分呢？我觉得自己的作文就该得满分——你是不是也这样想过呢？

对红学家来说也是如此。这又不是数学题，凭什么你说的就对，我说的就不对？关于《红楼梦》作者的问题，大家一直争论不休。那么，我们有什么办法劝劝架，让他们不再吵了呢？

没错，我们可以把这个问题转化成数学题！在讲密码时我们曾说过，在我们拼写单词的时候，有的字母出现频率高，有的字母出现频率低。同样的，每个作者也都有自己的文风和写作习惯，通过他的常用词汇，就能揭露作者身份的秘密。

在大概70年前，就有人开始用统计词汇的方法研究《红楼梦》了。植物学者潘富俊研究过《红楼梦》里植物出现的次数，结果发现，在《红楼梦》前80回里，平均每回出现11种植物，而后40回，平均每回出现的植物突然掉到了3.8种！

这样看来，前80回的作者真可以算得上"业余植物学家"了。而后40回的作者，植物学知识就匮乏得多。他们绝不可能是同一个人。

第三章
解决生活难题的编程算法

你看，这种说法是不是很有道理呢？它至少说明《红楼梦》前后两部分的作者是不一样的。

可是这样，大家就会满足了吗？并没有，还是有很多人不服胡适。有没有可能，《红楼梦》的作者不只有2个，而是有3个、4个？说不定，你爷爷的爷爷的爷爷的爷爷，也掺和一脚，写了一回呢？对于这种"千古"之谜，真要是胡适说什么我们就听什么，绝对不是科学的态度。

有程序员又想出了一个好办法，能够在事先没有任何信息的情况下，推测出一本书有几个作者。这种办法就是前边讲过的"聚类分析"。

上一页的图里，杂乱地摆放着很多小方块。如果我们假设每个小方块都代表一支军队，这张图是几个国家的军队布置图。那现在我问你，一共有几个国家呢？

你可能会猜3个，因为每个国家的军队一般都驻扎在自己国家的城市附近，它们肯定会凑成一团。没错，按照小方块之间的距离关系，聚类分析就把它们分成了3个阵营，分别用红黄蓝表示。这就是聚类分析的基本思想。

同样，在进行《红楼梦》作者的分析时，程序员先是找出了一些能代表作者写作风格的文字，然后通过一个算法，把每一回里有代表性的文字转换成小方块画在图上，最后看画出来的120

第三章
解决生活难题的编程算法

个小方块里，哪些小方块凑在一起，那这些小方块代表的回数很可能就是同一个作者写的。

通过这样的方法，程序员最后得到了两个结论。

第一个结论看起来蛮平常的——前 80 回跟后 40 回的确不是同一个作者写的。

但第二个结论就神奇了！通过聚类分析发现，前 80 回里的第 67 回，很可能是前后两个作者共同完成的。而且，后 40 回里的第 105 回，它既不太像是前 80 回的作者写的，也不太像是后 40 回的作者写的。它的作者，很可能另有其人！

你看，聚类分析不光从数据上验证了《红楼梦》前 80 回和后 40 回的作者不同，而且还提出了另有新作者的观点，是不是很厉害！而且这种数据得出的结论会更让人信服。

其实，这种聚类分析的方法不光可以用来破解《红楼梦》作者之谜，在生活里同样特别有用。

我先问问你：你们班来过插班生吗？要是一个新面孔突然出现在你们班里，大家肯定都在默默地观察他。你可能会关心：他是个有趣的人吗？他会成为你的朋友吗？同样，老师也会关心：这个孩子学习成绩怎么样？能不能和其他同学好好相处？

可是，现在距离考试还远着呢，成绩这事谁也说不准。还有什么办法了解他吗？其实，利用聚类分析，就可以提前猜到这个新面孔的性格、学习成绩，甚至是一些小癖好。具体怎么做呢？

中国有句老话：物以类聚，人以群分。就是说，同类的东西经常聚在一起，而志同道合的人也经常在一起活动。这就是中国古代的聚类思想。插班生来到了一个陌生的环境，他肯定要交朋友。而人类就喜欢跟自己相似的人交朋友。所以只需等待一个星期，我们看看他跟谁成了朋友，就可以猜测他的个性和成绩了。

比如，他要是跟你们班里最闹腾的几个人成了好朋友，那他基本上也是个活泼外向的人；要是他跟学习成绩特别好的人成了朋友，那他的成绩大概也不会太差。

当然，这种聚类分析的方法虽然说不上 100% 准确，但要比毫无目的地瞎猜准确得多。

其实，只要是需要分类的地方，就有聚类分析的用武之地。所以，用聚类分析给《红楼梦》的每一回按照作者分类，是再自然不过的思路和方法。

105

67

1 to 80
81 to 120

22

类比思维

大自然中的编程高手

到目前为止，我们认识了很多有意思的编程算法。这些算法都是科学家和程序员开动脑筋想出来的，是实打实的人类智慧。但在这一节里，我讲的算法很不一样，它是科学家从自然界中学来的，可以说是大自然的智慧。大自然不光会编程，而且绝对算得上是编程高手。

我们在第 1 节里提过，编程的本质是让机器按照一定的规则自己去做事情。在大自然里，很多动物都是严格按照自己的习性生活的。习性就相当于它们必须遵守的规则。所以，你完全可以把某些特定的动物看成大自然编写的"程序"。

在这些"动物程序"身上，就包含着特别厉害的算法。比如，科学家从蜜蜂合作采蜜的过程中学到了"蜂群算法"，从生物遗传进化的规则上学到了"遗传算法"，从蚂蚁觅食的过程中学到了"蚁群算法"。它们都是优化算法，能帮助我们在一大群结果中快速找到最优解。

蚂蚁的神秘地图：如何用气味找到最短的路线

就拿蚁群算法来说，很多种类的蚂蚁都是一大群生活在一起的。它们之间分工明确，有负责生小蚂蚁的蚁后，负责守卫蚁巢的兵蚁，还有负责修补蚁巢、寻找食物的工蚁。

在寻找食物的过程中，工蚁们会组成一支纪律严明的小军队，最先出门的是蚂蚁中的侦察兵，它们一出蚁穴，就会先到处闻一闻有没有食物的味道。这些蚂蚁的嗅觉非常灵敏，能直接循着味道找食物。要是附近没有食物的味道，侦察兵们就会分头行动，走远一点去碰碰运气。

一开始，它们都是漫无目的地随处乱逛。可一旦发现了食物，它们就会赶紧跑回蚁巢请求大部队帮忙："我找到好吃的啦，大家快跟我来搬吧！"

可是蚂蚁又没带地图，又没有手机定位，它怎么能记住食物的位置呢？别着急，这只蚂蚁在返回蚁巢时，会沿途留下一种叫信息素的东西，只要顺着信息素走，就可以重新找到食物。

不过，发现这个食物的蚂蚁很可能不止一只。它们也会一边释放信息素，一边跑回蚁巢去报告。我们假设一下，有一批蚂蚁侦察兵分头出去找食物，其中一些找到了一大块食物，便各自跑回蚁巢去报信。报信时，它们刚好沿着两条路返回，一条路长一点，一条路短一点。现在问题来了，得到消息之后，蚁群大部队要去搬回食物的时候，会选哪一条路呢？

你可能会觉得，这还用问吗？当然是选短的了。但别忘了，蚂蚁没有地图，也没有望远镜。它们一开始并不知道哪条路长，哪条路短。所以，蚂蚁大部队就又派出一些工蚁，兵分两路，试着走走看。

有两个重要的情况，我要补充说明一下：第一，信息素会慢慢挥发，随着时间的推移，信息素会变得越来越淡，为了不让路标消失，蚂蚁大部队里的每一只蚂蚁都会一边走一边释放信息素；第二，信息素越浓，蚂蚁越多，也就是蚂蚁在寻找路线的时候，大概率会选择信息素浓度最高的路线，这个细节正是蚂蚁优化路线的关键所在。

最开始，这两条路上的信息素浓度和蚂蚁数量都差不多。假设在1个小时内，短一些路上的蚂蚁能跑两个来回，而长一些的路上只能跑一个来回。很明显，这样一来，短一些的路上信息素浓度会比长一些路上的高。而信息素越浓，蚂蚁越多，很多蚂蚁都会跑到比较短的这条路上。当然，反过来，这条路上的蚂蚁越多，信息素浓度也就越高，渐渐地，蚂蚁大部队几乎全都转移到了比较短的路上。

你看，没有地图和手机导航，靠大自然给定的规则，蚂蚁自己就选择了一条比较短的路线。而且只要给蚂蚁足够多的时间，它们还会进一步优化路线。

蚂蚁虽然大概率会沿着信息素浓度比较高的路线走，但这并不是绝对的，有些蚂蚁会开辟一条新的路线。如果这条路线比原来的路线长，那这条路上的信息素很快就消散掉了，这条路线自然会被淘汰掉。但如果这条路线比原来的路线更短，蚂蚁来回一趟需要的时间也更短，那这条路线上的信息素浓度会慢慢升高。渐渐地，大部分蚂蚁就会走到这条路线上，路线就被优化了。

手机中的路线导航是如何找到最优解的？

说到这里，不知道你有没有发现，蚁群不断优化路线的思想对我们的日常生活也特别有启发。

你看，如果想找到新的更短的路线，就需要有蚂蚁去尝试新的路线。这就好比在一个群体里，需要有人能提出不同的意见。所以，在做一件事情的时候，如果你想到了和别人不一样的办法，不用害怕，可以大胆地说出来讨论，说不定你的办法正是解决问题的最好办法呢。

蚂蚁觅食的过程可不光能启发我们的生活智慧,科学家也对这个过程进行了总结,从中学到了蚁群算法。蚁群算法在生活中的应用特别多,你最熟悉的可能就是地图导航里的路线规划了。

用蚁群算法规划路线,几乎和蚂蚁找食物的过程一模一样。当然,科学家肯定不能真的把蚂蚁塞进计算机里,否则可就有"bug"了。科学家在计算机里设计了一种"电子蚂蚁",告诉它们出发点和目的地,以及中间有哪些可能的道路。

之后,电子蚂蚁们就要开始运动了。和真蚂蚁一样,电子蚂蚁在运动的时候,也有两个重要的特征:第一,也会留下一种类似信息素的信号;第二,在选择路径的时候,电子蚂蚁也更倾向于选择信息素浓度比较高的路径。当然,电子蚂蚁里,也同样有一些喜欢冒险、开辟新路径的家伙。它们可以帮助蚁群找到更好的路径。

而且,为了让电子蚂蚁能够更快地找到最短路线,科学家在大自然规则的基础上还做了一些改进,让蚂蚁之间可以高效率地交流信息。

不管是蚁群算法,还是蜂群算法、遗传算法,都是人们受到大自然规则的启发设计出来的,这背后有一种思维叫"类比思维"。这种思维方式,在我们的学习和生活中也特别有用。

比如，在小学数学里，我们先学习整数的四则运算规则，然后再类比到小数、分数上。等上了中学，我们还会继续把运算规则类比到负数、无理数，还有其他类型的数字上。

类似地，在物理课上，老师也可能会用水波上下震荡的过程帮助你理解声音的传播，这也是类比思维的应用。用你熟悉的东西去类比陌生的东西，这对你理解和掌握知识特别有帮助。

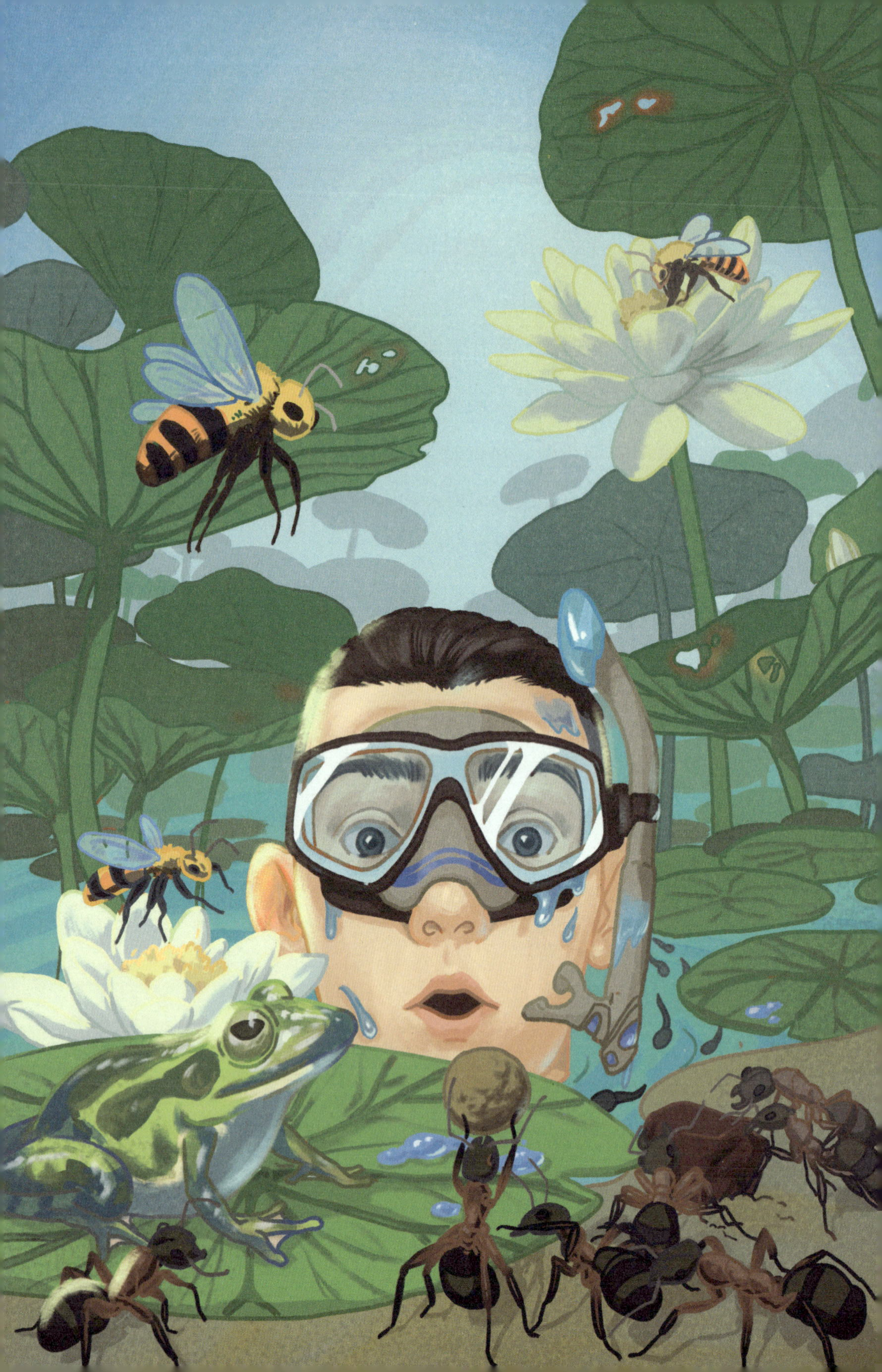

23

基于对象的编程

用建档案的思路造汽车

　　一种软件工程师经常用到一种编程思想，叫"基于对象的编程"。这种编程思想不仅能帮工程师们设计出特别复杂的软件，它分析问题的方法和角度对我们的生活也非常有用。

　　那什么是基于对象的编程呢？我们先从生活中的例子入手来认识一下它吧！

▫ 从档案说起

　　我有一位朋友是老师，在新学期刚开学的时候，学校让他统计班上同学的平均身高。于是，这位老师让大家把自己的身高都报上来，很快就算出了平均身高。

　　没过几天，学校又进行了一次摸底考试，他想了解班上同学各科的平均分。于是，又让同学们把这次考试的成绩都报了上来，虽然这次的数据量大一些，但他也很快就算完了。

又过了几天，学校需要统计同学们的平均体重，这位老师只好再统计所有人的体重信息，算出一个平均体重。

虽然每一次的计算都不复杂，但老师也会想，每统计一次就要搜集一次数据，这件事太麻烦了，有没有别的办法能够解决这个问题呢？

于是，我给他出了一个主意。无论是身高还是成绩，这些信息都和学生有关。他可以在电脑里给每一位学生建立一个档案，把他们的身高、体重、年龄、考试成绩、爸爸妈妈的联系方式等全都输入进去。

要查看的时候，只需要在计算机上输入指令，比如"小明，数学""小红，身高"，就能看到对应的信息了。如果要统计平均身高，也可以用一个指令调取全班同学的身高数据。

虽然在建立档案的时候，要输入很多数据，但完成后就能高效处理很多信息——老师不仅可以计算平均身高、平均分这样的数据，还可以单独针对某一位同学的档案进行分析。比如小明的英语成绩很好，但语文成绩一直很差，那说明他可能偏科了；如果小刚连续几次数学考试成绩都在下降，那说明他可能在数学上碰到了困难，应该问问他是否需要帮助。

老师最开始采用的办法是关注每个学生的身体、学习成绩等数据。可随着考试次数的增加，数据信息越来越多，用传统的方法搞清楚每一位同学的学习情况就越来越困难。但如果把班上的每一位同学，都看成一个对象。和对象有关的身高、体重、成绩等数据，都可以看成是对他的描述，通通可以塞进这个对象的档案里，这样就把杂乱的信息给归到一起了。

虽然建立档案前后，要处理的信息的数量没变，但因为看问题的角度不同，老师就能更好地关注每一位同学的成长了。这种看待问题的方式，就和基于对象的编程思路特别一致。

与前面说的蚁群算法、蒙特卡洛法不同，基于对象的编程并不是某种具体的算法。它的核心就是按照我们更习惯的角度，去整合数据或编写程序。这种思想对软件工程师来说特别重要。

自动驾驶背后的原理

现在好多汽车都有车载计算机，给车载计算机编写程序是一项很大的软件工程。车载计算机要记录许许多多的参数，比如发动机温度、轮胎气压、油箱油量等。

除了记录，计算机还要对不同的情况进行处理，比如如果轮胎漏气了，计算机会让汽车赶紧减速；如果油量太低了，计算机会提醒驾驶员去加油。

　　这些参数和代码要是一股脑塞进计算机里就太混乱了。那该怎么办呢？这时候，基于对象的编程就派上用场了。

　　工程师们最关注的不是这一堆堆数据，而是汽车的各个部件能否顺利运行。所以对他们来说，把发动机、车轮等部件看成一个个对象更合适。确定完对象，就可以像建立学生档案一样，把和发动机、车轮有关的信息都打包好，塞进对应的档案里。在编写代码的时候，也会专门针对发动机、车轮这些部件编写，比如命令发动机温度过高了就抓紧散热。

　　如果有些问题牵扯到了好几个对象怎么办？比如轮胎漏气了要减速，这不就牵扯到轮胎和发动机两个对象了吗？不用担心，工程师们会通过一种叫作"函数"的东西把各个对象关联起来。

　　这样做大概有三点好处。

　　第一个好处是，定位问题方便快速。

　　如果发动机系统出了故障，不需要从所有信息里面去找问题，只要检查发动机这个对象里的参数就可以。如果发动机对象里所有的参数都没有问题，那问题就可能出在和发动机有关的"函数"上。

　　第二个好处是，各种各样的数据信息进行打包封装之后，迁移起来特别方便。

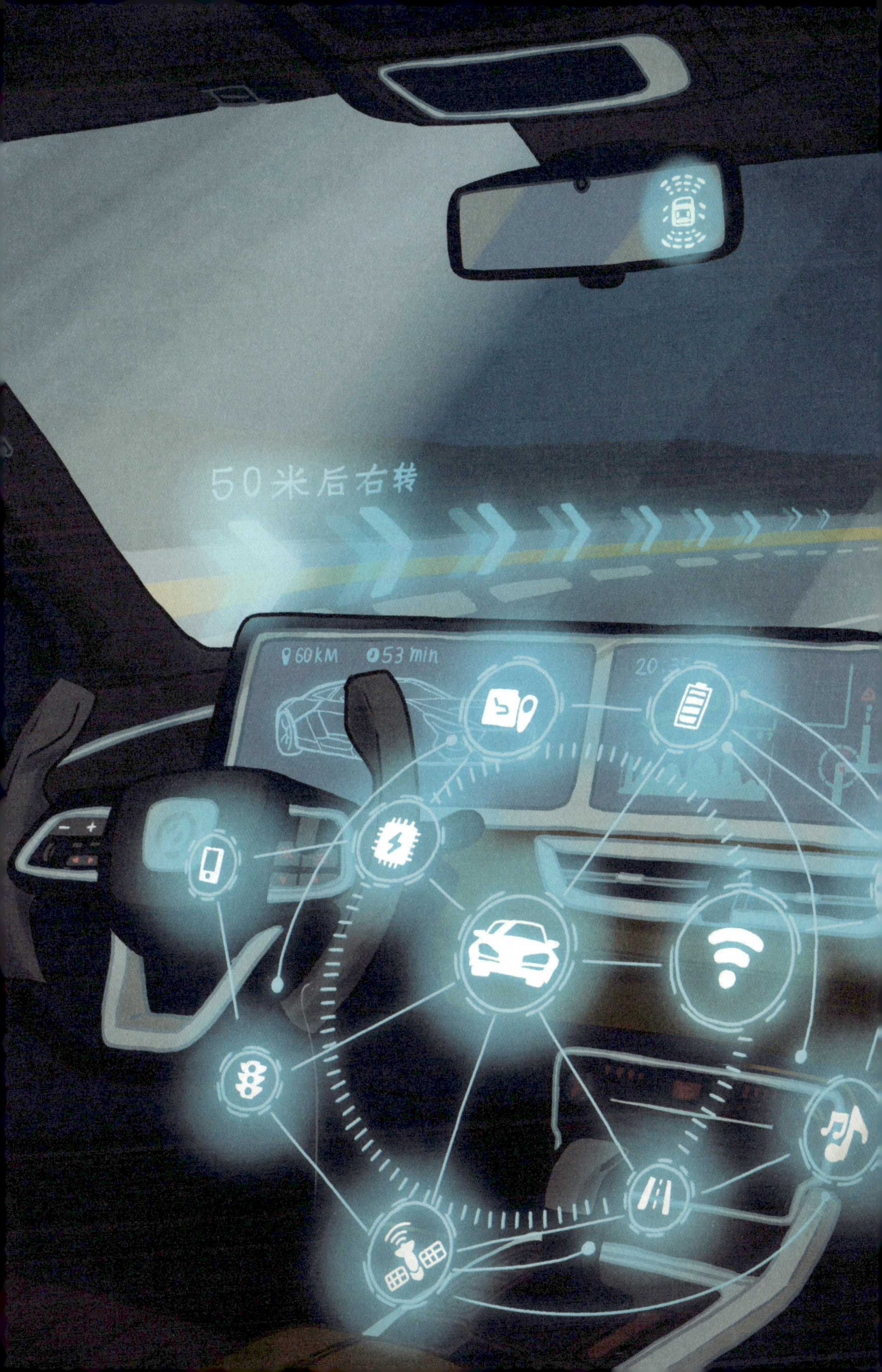
50米后右转
60KM
53 min

假如你制造了一款新车,虽然车轮、发动机参数上可能有差别,但大部分信息跟之前的车还是差不多的。这时候,工程师们只需要将之前打包好的对象信息搬到新系统上,做一点小修改就可以了。另外,在开头说的例子里,假如有同学去了新班级,老师也只需要把这个学生的信息档案转到其他班上就好了,操作起来方便还不容易出错。

第三个好处是,把汽车拆分成更小的单元,可以提升工程师们的效率。

工程师团队里大部分人不需要掌握全部的汽车知识。空调专家专门负责空调这个对象,发动机专家专门负责发动机程序,这样一来,几个单元可以由不同的团队设计,最后再统一进行整合,这一点和模块化思维有点像。

有这么多好处,大部分工程师在开发大型软件的时候都会用这种编程方法。而且我要告诉你,这种方法对你的生活也特别有用。

之前我们学会了用并行算法思维做炒鸡蛋。如果你真的做了这道菜,就会发现执行中可能会遇到各种问题,比如放了油和葱花,发现鸡蛋还没打。这是因为通常情况下,我们会按炒鸡蛋的步骤来理解这件事,第一步切葱花、第二步打鸡蛋等等。如果记错了或者漏了一步,很容易出现问题。但如果你用基于对象的编程思维来看,就不容易出错了。

第三章
解决生活难题的编程算法

你想，不管炒鸡蛋一共有多少个步骤，你需要操作的对象只有两个：鸡蛋、葱。

对于鸡蛋这个对象，要进行的操作就是打碎；葱要进行的操作是切碎。这些步骤是完全独立的，可以单独处理好。

之后，这两个对象可以通过"炒"这个函数，连接到一起。完成这一步，炒鸡蛋就完成了。是不是比记步骤更方便呢？

24 搜索引擎

通往互联网世界的魔法之门

你有没有在网上"搜索"过东西呢?只需在一个长条小框里输几个字,就能快速查到你想搜索的信息,甚至连很难的作业题都能搜索到解题思路。那么,搜索网站是怎么找到你想找的东西的呢?

这都是算法的功劳。现在,我们就来讲讲搜索引擎和搜索算法的历史。虽然这段历史跨度并不长,大概只有 30 年,但依然对这个世界产生了巨大的影响,不仅优化了我们日常信息的获取方式,更推动了知识的普及和全球化。

▫ **第一代:雅虎门户网站**

1991 年,世界上第一个网站诞生了,那时候还没有搜索引擎,你想去一个网站，必须手动输入它的网址才行。比如，你必须记住这个网址：http://info.cern.ch/，才能登录这个世界上的第一个网站。

这样的上网方式，你可能无法想象吧？如果你想去不同的网站查找资料，那就要记许许多多的网址，进去之后还要找半天，这就像在一个塞满玩具的箱子里找你想要的那个，特别浪费时间。

就在这一片混乱当中，第一代搜索引擎出现了，它就是"雅虎网"，你只要登录这个网站，就能轻松地找到自己想去的网站。

雅虎网把全世界最重要的网站都收集起来，然后分门别类地展示出来。比如，新闻网站分一类，游戏网站分一类，体育网站分一类，等等。这样一来，大家只需要记住雅虎网的网址就可以了。

在那个时候，雅虎网相当于打开了一扇通往互联网世界的魔法之门，所以人们就给它起了个名字叫"门户网站"。其实现在很多你熟悉的互联网公司都是做门户网站起家的，比如新浪、网易等。那为什么现在新浪和网易还存在，而我们却再也没听说过雅虎了呢？这是因为雅虎受到了"互联网大爆炸"的重创。当然，这个爆炸指的是信息大爆炸。

在 1995 年的 8 月，全世界的网站也就不到 2 万个，然而 1 年后这个数量就翻了 10 多倍，达到了 20 万个。这时，雅虎网遇到了一个大难题。当时网站上列出来的网址都是员工手动录入的，网站那么多，要把所有的网站都列上去，显然是做不到的。于是

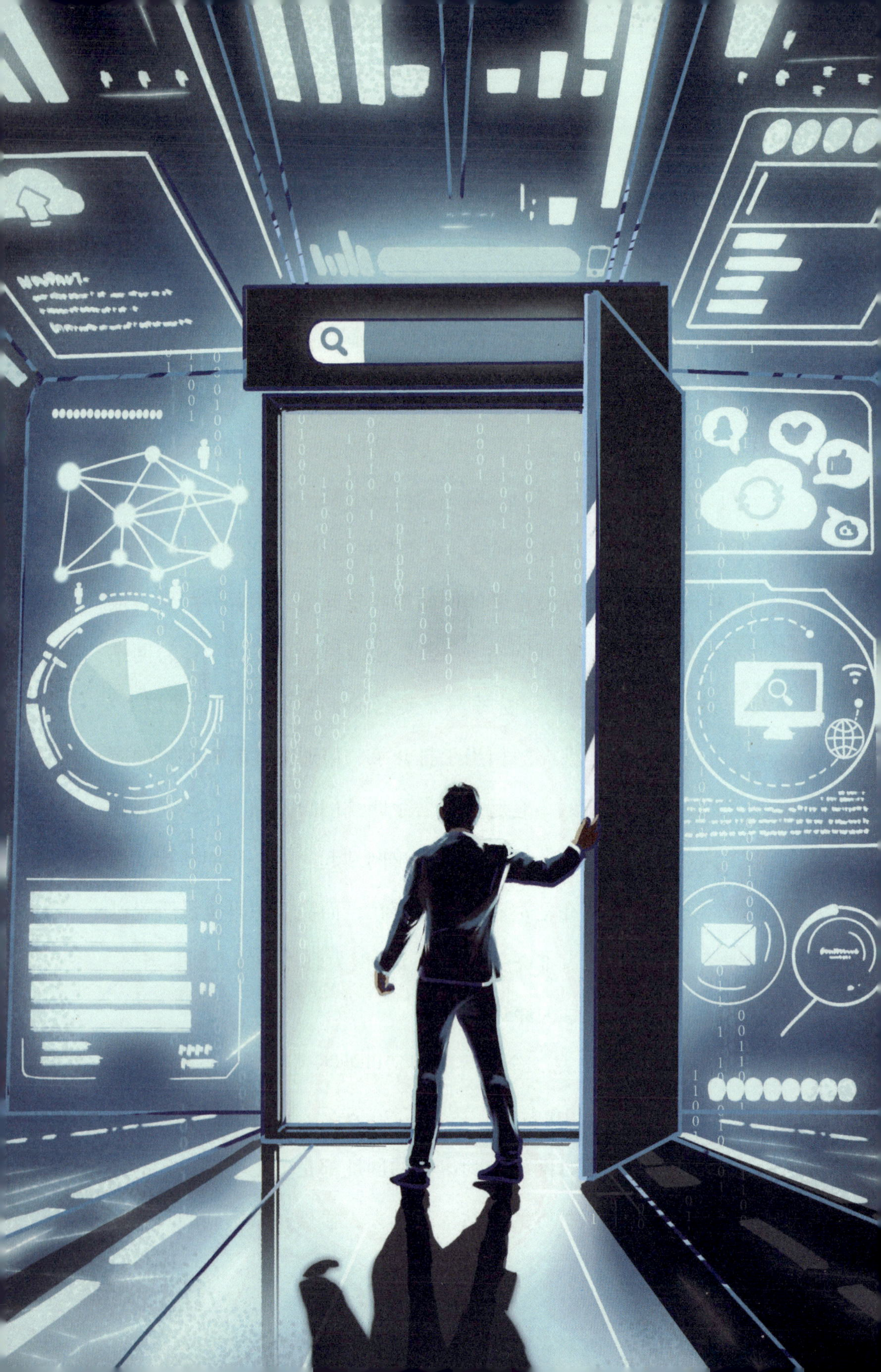

他们只能列一些比较重要的网站。可就算这样，数量也不少。雅虎网因此变得"密密麻麻"——从首页点进新闻类别，里面又有美国新闻、外国新闻等各个不同的类别，用户找网站要像在电脑文件里找东西一样，一层一层点进去寻找。

面对这个问题，雅虎公司很快就想到了一个办法。他们在首页上加了一个搜索框，这个搜索框看起来跟今天的差不多，但其实不一样，因为它只能搜到雅虎网收录的网站，没有被雅虎网收录的网站是搜不到的。但这对当时的网友来说已经非常有用了，大家也越来越爱用雅虎网了，甚至"上雅虎"都成了上网的代名词！在2000年前后，雅虎简直要称霸整个互联网世界了。

而在这一片欢乐的气氛中，危机已悄然出现。就在千禧年的两年前，也就是1998年，两个斯坦福大学计算机系的博士生布林和佩奇，成立了一家新的搜索引擎公司——谷歌。

第二代：谷歌浏览器

虽然谷歌公司一开始只有布林和佩奇两个人，但他们相信自己的搜索引擎是世界上最好的，他们对自己的算法特别有信心，这个算法就叫网页排名算法。

其实，当时世界上已经有很多公司在做搜索引擎了，在他们的网页上输入一个关键词，能出现很多雅虎网没有收录的网址。但他们的算法和谷歌公司的算法不太一样，这种一般搜索引擎的结果是按照相关性排列的。比如你搜索"奥特曼"，如果一个网站里出现了100次"奥特曼"，而另一个网站里只出现了80次"奥特曼"，那么出现100次的就会排在前面。

这种方法看上去挺聪明，但它有一个缺点，或者说是人类自己有一个缺点。那就是：人会作弊！

比如，一个卖课外辅导书的网站，肯定没多少人爱看，如果网站研发人员偷偷在网站里写了1000个"奥特曼"，并且把所有"奥特曼"设置成跟网页背景一样的颜色，然后堆到一个不起眼的角落里去。这些"奥特曼"人眼是看不见的，但是搜索引擎不一样，它能检索到这1000个"奥特曼"的存在，它会判定这个网站是一个关于奥特曼的网站。于是，当你搜索"奥特曼"的时候，这个网站就排到了最前边。但你点开一看，却发现自己被骗了，这就是个卖课外辅导书的网站。

谷歌公司的布林和佩奇的网页排名算法能很好地堵住这个漏洞。

依旧用上面的例子来说明。如果一个网站是真正有关奥特曼的网站，而且内容特别有趣，别的网站肯定会经常推荐它，甚至在自己的网页上放上它的链接。反观卖课外辅导书的网站，它的

第三章
解决生活难题的编程算法

内容有些无聊，别的网站有关它的推荐就会少很多。网站排名算法，就是要统计每个网站被别的网站推荐的次数。然后，把它们按照推荐次数从高到低排名。

这时候，那个伪装的奥特曼网站，就被揭穿了真面目。就算它在网站里写上 10000 个"奥特曼"，别的网站也不会推荐它，它就只能老老实实地排在最后了。

当然，实际的网站排名算法要比这复杂得多，它还使用了我们前边讲过的"给权重"的方法。那些被推荐得多的网站，肯定是个"好"网站，它 1 票的分量相当于别人的 2 票的，甚至 10 票的。而"差"的网站，就算它投了票也不算数。

就这样，谷歌公司的搜索引擎越来越精准，它返回给用户的结果，也越来越符合他们的想法。谷歌公司也一步步发展壮大，成了世界知名的互联网企业。而雅虎的门户网站就这样被淘汰了。

讲了这么多，你可能会想：没错，搜索引擎是很方便，可这对我有什么启发呢？

谷歌公司的一位资深员工说过，网站排名算法的高级之处，就在于它真正把互联网当成了一张网。

以前的搜索引擎，在搜索的时候，只会调查每个网站自己的情况，而不会去关注网站之间的关系。而谷歌公司的搜索引擎会考虑网站之间的相互推荐，也就相当于考虑了网站之间的关系。

拿蜘蛛网来比喻,以前的搜索引擎网站只看到了蜘蛛网的节点,却漏掉了连接节点、能够抓住猎物的蜘蛛丝。而谷歌公司的搜索引擎看到了整个蜘蛛网。

在学习的时候也是一样,只学会单独的知识点作用并不大。你要想方设法在诸多单个知识点之间建立起联系,把它们织成一张知识的大网,到那时候才算真正掌握了这些知识。

更智能的第三代搜索引擎

谷歌公司的搜索引擎还只算是第二代搜索引擎。很快经过改良,又出现了第三代搜索引擎。这一代与苹果手机的Siri比较像,它能看懂你写的话了。

在第二代搜索引擎里,你输入关键词,例如"美国队长(空格)身高",等出现一堆结果之后,你再去这些结果里找答案。

而在第三代搜索引擎里,你可以直接写:"美国队长有多高啊?"搜索引擎会直接给你一个答案,不用你自己再慢慢寻找了。

不过有时候,第三代的技术也会出些差错,遇到这种情况,我们也不用着急,毕竟互联网只花了30年就变成了今天这样的高级模样,在未来,它肯定会变得更好,我们就慢慢期待更美好的未来吧。

25

推荐算法

谁是最了解你的人？

搜索引擎需要我们自己主动寻找信息。但有这么一种算法，用户坐在家里，信息却"梆梆梆"敲起了门，主动送货到家，这就是推荐算法。

现如今，推荐算法几乎无处不在。不知道你发现没有，如果你刚刚搜索过可爱的猫咪视频，视频网站就会继续推荐更多的猫咪视频给你。如果爸爸妈妈在网上给你买了一双运动鞋，那他们再次登陆这个购物网站时，就会收到其他运动装备的广告。

是不是哪里有一双眼睛一直在看着我们，偷窥我们内心的小秘密呢？这双眼睛，就是推荐算法。那推荐算法是怎么发挥作用的？

亚马逊用推荐算法卖书

要说推荐算法，就得从购物网站——亚马逊讲起了。亚马逊网站最开始是卖书的，而且一开始，亚马逊很"老实"，只会把各种各样的书摆在那里，任你挑选。

但后来，亚马逊发现人们买东西是有规律的。如果掌握了这个规律，就能卖出更多的书。什么规律呢？别着急，我先问你一个问题。

假如小明买了一本《哈利·波特与魔法石》，也就是哈利·波特系列小说的第一本，那么你会推荐给他什么书呢？

是不是哈利·波特系列的第2册、第3册？这个思路很棒。当然了，你可能还会说，小明既然买了哈利·波特的文字版，那他会不会买漫画版呢？把《哈利·波特与魔法石》的漫画版也推荐给他吧。这个主意也很有意思。

不过，你可以靠着经验给小明推荐书，但机器可没有经验，它要怎么办呢？亚马逊想了个好办法：看大数据。亚马逊公司会把在自己网站上买过《哈利·波特与魔法石》的用户数据收集起来，看看他们后来又买了什么书，然后把这些书放在《哈利·波特与魔法石》的下边，推荐给用户。

比如，全网站有1000个人买了《哈利·波特与魔法石》。然后经过统计，发现在这 1000 个人里，有 800 个人买了哈利·波特系列的第 2 册，有 700 个人买了第 3 册，还有 600 个人买了《福尔摩斯探案集》，比买哈利·波特第 4 册的人还多！

这样一来，亚马逊给用户推荐的时候，就不是按照哈利·波特系列的第 2 册、第 3 册、第 4 册……这样的顺序推荐了，而是先推荐哈利·波特系列的第 2 册、第 3 册，之后推荐《福尔摩斯探案集》。

推荐算法，好还是不好？

在大约 20 年前，亚马逊是用这种简单却有效的推荐算法，大幅提升了平台内图书的销售率。不过，跟今天的推荐算法相比，它只能算是一道小菜。今天的推荐算法非常庞大而且精准，可以为每个用户建立一个兴趣档案。

你在网站上的每一次搜索，你在每个页面停留的时间，你看完这个视频又看了哪个视频，这些信息全部都会记录在案。然后，网站会根据你的记录给你贴上标签，为你推荐你可能感兴趣的东西。

比如说，网站可能会发现，你到了周五的晚上会熬夜，而且还喜欢在这个时间看电影。那么，它就会在周五的晚上把好多你可能感兴趣的电影摆在首页，吸引你去点击。

有了这么好的推荐算法，你的生活会变得更加方便。推荐算法就像是一个忠诚的仆人，老老实实地记录你的爱好，然后推荐你感兴趣的东西，让你过得很舒心。

不过，你有没有觉得这里面存在什么问题呢？

说个好玩的例子。地球是个不规则球体，这是公认的事实。但有些人却相信"地平说"，就相信地球是扁平的。注意，我说的这些人可不是古人，而是生活在21世纪的、实打实的现代人。

你一定很好奇，这些人是生活在比较落后的地区吗？难道他们没有见过宇宙飞船给地球拍的照片？还真不是，这些人都可以上网，只要愿意，他们可以看到各种各样的信息。那他们为什么会相信"地平说"呢？

说到原因，推荐算法要背负一定的责任。在相信"地平说"的人当中，有一部分人本来是相信"地圆说"的，也认为地球是圆的，但他们抱着好奇心看了关于"地平说"的内容。结果，推荐算法以为他们喜欢"地平说"的内容，不停地给他们推荐这方面的内容。这些人整天都能看到"地平说"的信息，时间长了，就难免被误导。

其实，推荐算法是个只会奉承你的仆人，可能会让你只看自己爱看的东西，最后陷进一个小圈子里去。

第三章
解决生活难题的编程算法

这个现象，被人们叫作"信息茧房"，茧就是毛毛虫吐丝做的那个茧。也就是说，如果你只关注自己感兴趣的人和事，那你最后就会像一只毛毛虫一样，用吐出的丝完全把自己包裹起来，眼界就完全封闭住了，这就是推荐算法的危险之处。可能会让你接触不到新的信息，沉浸在自己喜欢的那一片小世界里，没办法继续成长。

那么，你该如何像蝴蝶一样打破茧房，重新获得自由呢？其实，很多互联网公司都考虑过这个问题。

他们现在推荐给你的东西，除了你喜欢的东西之外，还有一些随机信息。这些信息可能会开拓你的眼界。

其实这件事对你的生活和学习也特别有启发。你在交朋友或者看书时，不能总是根据自己的兴趣爱好走，有时候要试着结交一些你们班以外的朋友，看一些你可能并不爱看的书，这样你的路才有可能会越走越宽。

另外，不知道你有没有想过，为什么学校要设置那么多课程？除了语数英，还有物理、化学、生物、地理等，其中有些课程我们可能并不感兴趣。

其实学校设置这么多课程，就是为了防止你进入信息茧房。虽然有些知识可能比较枯燥，但是它们可以拓宽你的眼界，是你未来获取自由的保证。可不能偏科哟！

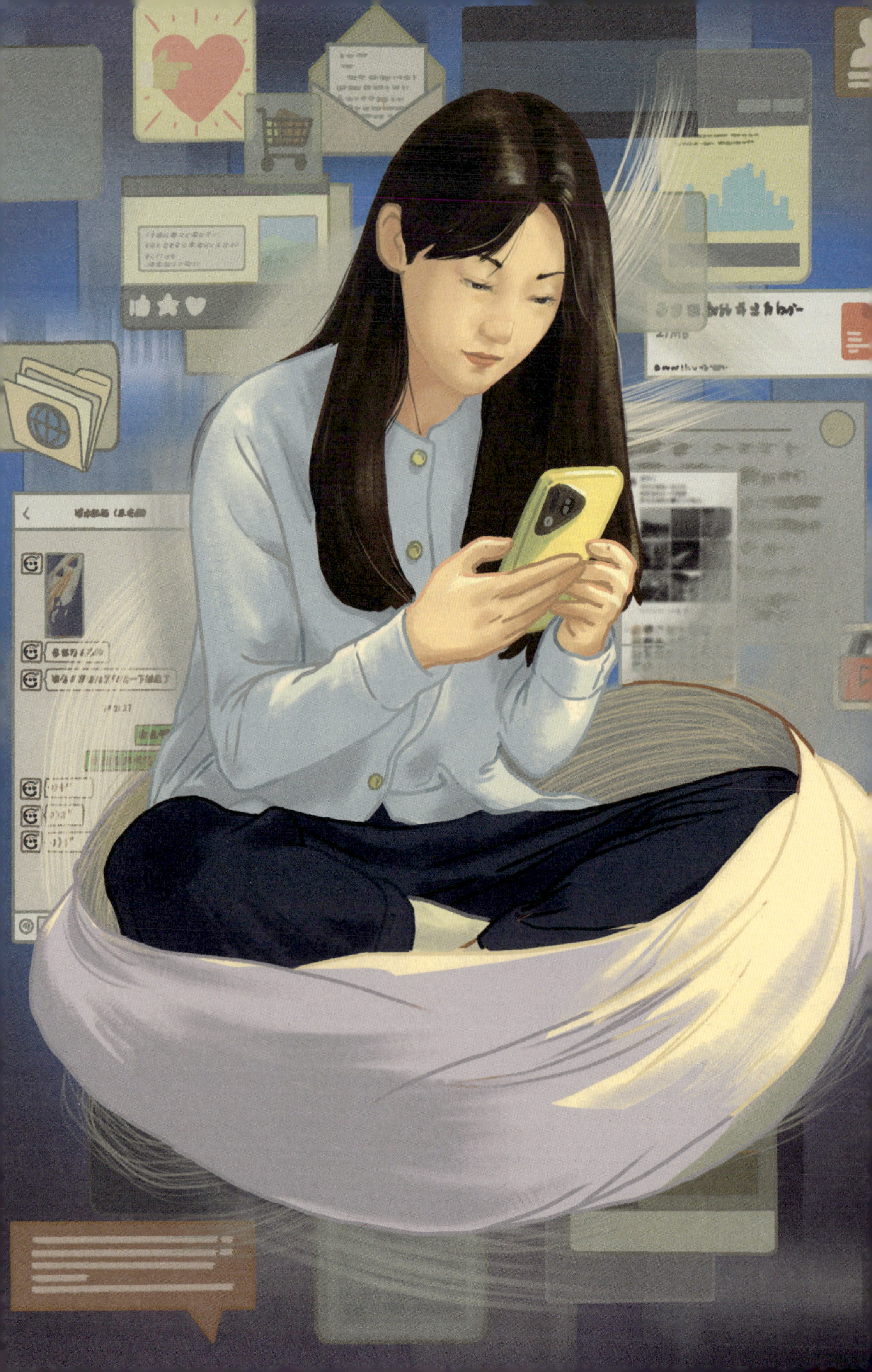

第四章

人工智能的未来

4

26 知识图谱

计算机可以当大学教授吗?

我们已经知道了许多编程算法和思维。在这些算法和思维的基础上,科学家研究出了更先进的技术,其中最厉害、最热门的要数人工智能了。

你所熟悉的自动驾驶汽车、智能音箱,还有前面讲过的围棋机器人 AlphaGo 都属于人工智能技术。除此之外,人工智能技术中还有一个特别的门类,叫作"专家系统"。难不成是要制造一些机器人,让它们成为专家教授?科学家还真是这么想的,他们想让这些机器人专家帮人类发掘新知识。

不过,专家教授干的事情,那可都是复杂的脑力劳动。我们前面说过,以现在的技术水平,人类是没办法复制人脑的,计算机压根不可能和人类一样思考。它们怎么可能成为顶尖专家呢?

第四章
人工智能的未来

机器人也会"十八猜"

为了搞清楚这一点，我们必须介绍人工智能领域的一个学派——"符号主义学派"。

在讲解图灵测试的时候，我们也了解过人工智能的一个学派——"行为主义学派"。他们最关注的是你给计算机输入了什么信息，以及它所做出的反应。至于思考过程是什么样的，并没有那么重要。

相比之下，符号主义学派的专家认为，人类之所以能思考、能得出各种各样的结论，是因为我们有非常厉害的逻辑推理能力。比如，我们的祖先看见木头能浮在水面上，就推理出了可以用木头造船；他们发现火特别烫，就推理出火可以用来加热食物，这就是用逻辑推理能力获取知识。并且，人的思考过程就像做数学题和逻辑学运算一样，是可以用数学符号和逻辑学符号来表示的，符号主义学派之名由此而来。

另外，我们还可以在知识的基础上继续推理，发现更多的知识。举一个你比较熟悉的例子，在小学阶段，你肯定学过三角形的面积公式吧，知道了这个公式，我们可以把长方形、平行四边形、梯形都切分成几个小三角形，推算出它们的面积公式。这都是逻辑推理能力的功劳。

183

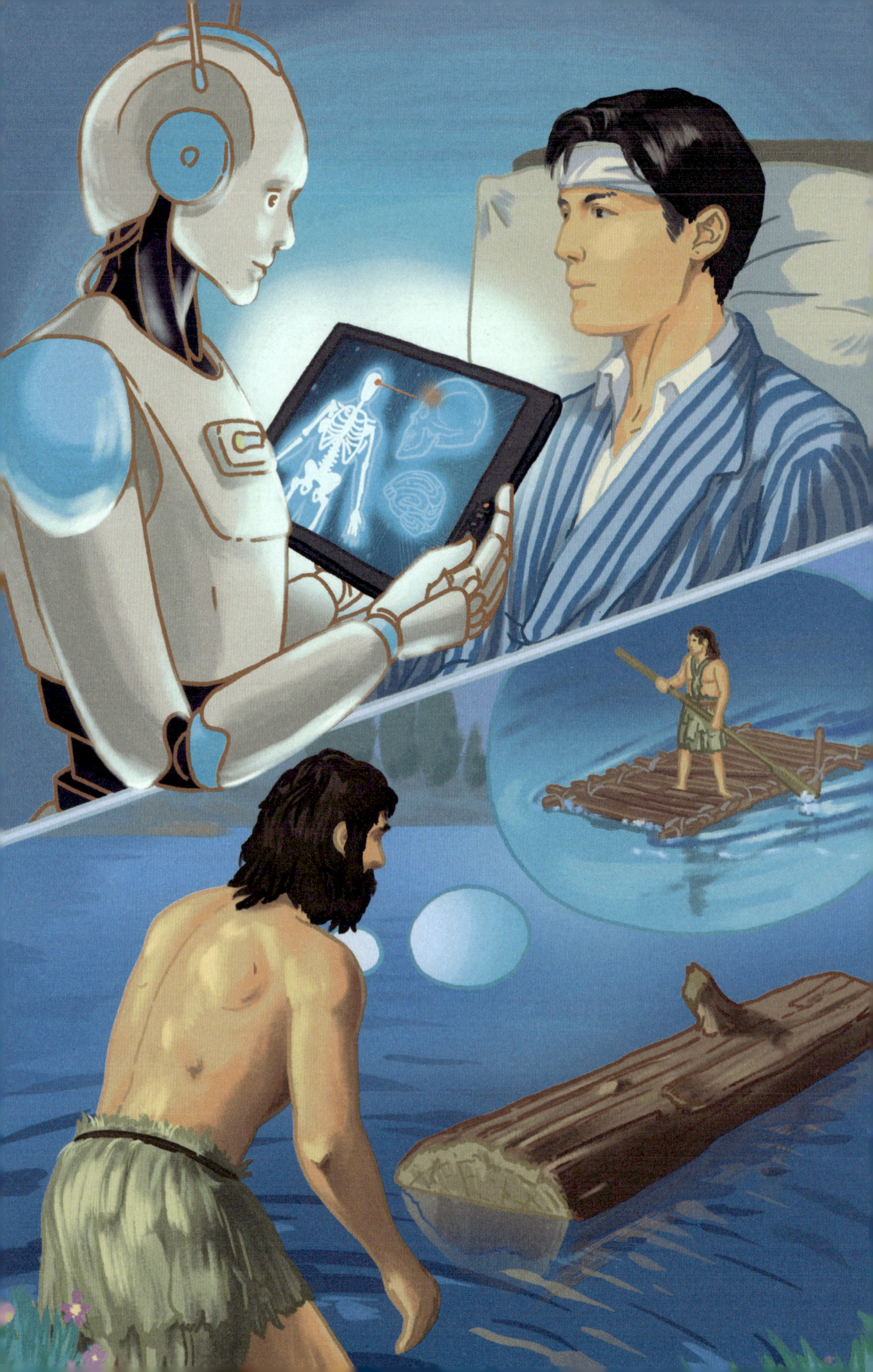

第四章 人工智能的未来

符号主义学派的科学家就认为,虽然计算机复制不了人类的大脑,但复制人类的推理规则还是没问题的,毕竟在数学和逻辑学领域,已经有现成的符号公式来表示这种推理的过程了。

只要计算机拥有了人类的逻辑推理能力,再给它输入一些基础知识,它不就能自己总结出新知识了吗?听上去挺有道理,而且还真有科学家做出过类似的程序。

这款程序名叫"逻辑理论家",科学家往这个程序里输入了一堆数学知识和推理规则,它真的推理出了一些数学定理,甚至有些定理的证明过程比数学家的还要好。

人们看到了希望,陆续开始在其他领域使用"专家系统"。

比如,在1972年的时候,斯坦福大学的科学家们研制了一款叫Mycin的专家系统。这款专家系统,能够帮助医生诊断病情。科学家给Mycin输入了600多种不同的判断规则,通过向患者不断询问病情,来判断病人的身体情况。

比如问你是不是发烧了,如果你说是,它会接着问你是不是觉得口干舌燥。如果你回答没有发烧,它就会问你是不是肚子疼,等等。问完一连串的问题,Mycin就能根据科学家设定好的规则,推理出你得的是什么病,并且能给医生提供一些开药建议。

看到这里你可能发现了,这有点像我们玩的一种游戏——十八猜。我可以提18个问题,然后猜出你心里想的是什么。

只不过，Mycin 问的都是和疾病有关的问题。有意思的是，Mycin 的表现非常好，水平比一般的医生还要高，算得上是名副其实的专家了。

知识图谱

除了数学和医学领域，在其他领域，比如化学、地质学，甚至计算机销售领域都能见到专家系统的身影。于是有人想，既然人工智能在这么多领域当专家，要不我们搞个超级专家系统？把目前人类知道的所有知识都输进去，再告诉它一些基本的推理规则，这样一来，这个超级专家系统就无所不知、无所不能了，简直和哆啦A梦一样。

在1984年，一个名叫Cyc的专家系统项目诞生了。制作Cyc系统的科学家特别自信，按他的计划，15年之后，每个人家里都得买一台Cyc专家系统。那Cyc项目成功了吗？

并没有，它并没有帮人类总结出突破性的科学知识，更没有给人类社会带来翻天覆地的变化。用当时的一位人工智能大师的话来说，符号主义学派的科学家把人的思考过程简化成一堆逻辑运算，这明显不太靠谱。

比如，金属可以导电，钢铁是金属，所以钢铁可以导电，这

第四章
人工智能的未来

非常符合逻辑推理的过程。但要是只有逻辑推理能力，没有人类的理解能力，就可能会推导出各种奇奇怪怪的结论。比如金属可以导电，钢铁是金属，一个人拥有钢铁般的意志，所以这个人的意志可以导电，这就是个荒谬的结论。

虽然 Cyc 项目失败了，但系统里一个不起眼的小分支却发展壮大了起来，这个分支叫作知识图谱。

你还记得吧，在构建专家系统的时候，需要输入各种各样的知识，知识图谱就是把知识点之间的关联性给表示出来。你可以把它理解成一个特别复杂的思维导图。

举个例子，《小猪佩奇》动画片里有许许多多的角色。佩奇有一个弟弟乔治，佩奇的爸爸，也就是"猪爸爸"，有一个兄弟"猪叔叔"，猪叔叔有两个孩子叫克洛伊和亚历山大。在这些角色之间，就可以画出一个关系图谱。通过这张图谱，你就能知道佩奇和亚历山大是什么关系，乔治和克洛伊是什么关系了。这就是知识图谱的思路。当然了，现实中的知识图谱要复杂得多，计算机要对信息进行处理，理解这些信息的含义。

那知识图谱有什么用呢？对我们前面提到的搜索引擎来说，知识图谱特别重要。搜索引擎需要找到许多信息之间的关系，建立起关系图谱。当你搜佩奇的弟弟的时候，它就会明白你要找的

187

其实是乔治，于是会把和乔治有关的结果排在最前面。

而且你发现没有，知识图谱对我们学习知识特别有启发。

我们在课堂上学到的零零碎碎的知识之间是存在逻辑关系的，你可以绘制一张简单的知识图谱把它们连接起来。如果你发现，某个知识点和其他知识点都连接不上，那很可能是你对这个知识点的理解不够深或者是你理解错了。通过这种方式，你可以对学过的知识进行检查和重新理解。

27 辩证思考

战争机器人靠谱吗？

假设有一个犯人从监狱出逃，躲进了一栋房子里。你接到的任务是抓住他，而且你是这次任务的指挥员。作为指挥员，你可以利用各种先进的人工智能技术，不过要注意，这栋房子里还住着其他无辜民众，在抓犯人的时候千万不能伤到他们。你会怎么处理呢？

如果直接派出特警，同犯人搏斗的话他可能会受伤，并不稳妥。我有一个好办法——派无人机进入这栋房子。另外，我还会在这个无人机上装上人脸识别系统，可以扫描房间里的人的面部。如果被扫描的目标是无辜民众，无人机就会避开他们；如果发现了犯人，无人机会快速计算出一条最好的路线冲过去，用其携带的电击武器把犯人电晕。这时候再派出特警，就可以轻松抓住犯人了。

当然，可能你和我想到的办法不一样，但你会发现，有了人工智能技术的帮助，抓住犯人简直轻而易举。

听到这里，你是不是觉得人工智能技术太方便了，在抓捕犯人的同时，又不会误伤好人，如果把这项技术用在战场上，说不定能减少很多无辜的伤亡呢。你别说，人工智能技术已经出现在战场上了。

战争机器人

2010年，身处阿富汗的美军拥有了一项新装备，名叫"大狗机器人"。这个机器人，是美国一家叫"波士顿动力"的公司研制出来的。它长着四条腿，能和狗狗一样用腿走路、跑步，如果不小心被人踢了一脚或是被撞了一下，它可能会踉跄几步，但很快就能找回平衡，重新站好，简直就像一条宠物狗。但它可不是用来逗士兵开心的宠物机器人，它来到阿富汗战场，是要帮美军解决一个大问题的。那就是美军在阿富汗战场上的装备运输问题。

一般情况下，军队都是靠汽车来运送装备。但是阿富汗地区山地多，汽车根本没法开。最开始，美军训练骡子来运送货物。于是在战场上你可以看到一队装备精良的美国士兵正在牵着骡子行军。

但是，万一有敌人发起突袭，枪声一响，骡子可能会被吓得

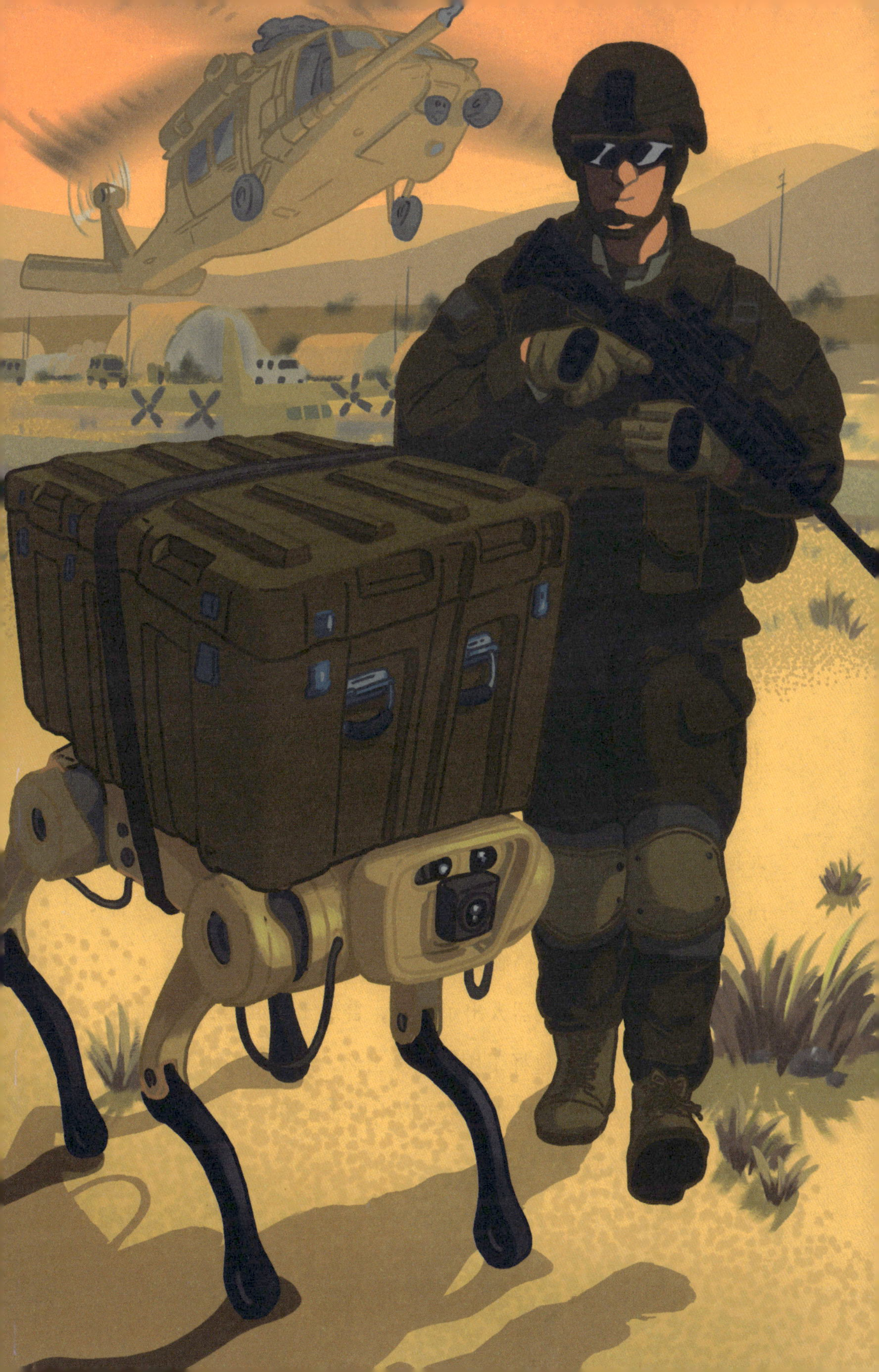

四处乱跑，士兵们打完仗还要漫山遍野去找骡子，想想这个画面也是很滑稽。

美国国防部就想："我们的精锐部队打仗还要带骡子，太不威风了。必须找人开发一款机器人，代替骡子，这才够酷。"于是，长着四条腿的大狗机器人诞生了。在2010年，大狗机器人被正式送到战场上进行实地测试。

大狗机器人确实很方便，它可以驮着约150千克重的装备跟着士兵跑来跑去。而且它还有自动跟随系统。万一遭到突袭，它也能老老实实地跟在士兵身后，不用担心它会被吓跑。万一真走丢了，士兵还可以通过遥控系统让它自己回到基地，这比骡子好用多了。

不过，用着用着，士兵们发现大狗机器人也有些问题。比如，大狗机器人实在是太吵了，这不是说它会乱叫，而是发动机的噪声太大了。有士兵说，隔着几百米还能听见它的噪声。带着这样的家伙，是绝对不可能搞偷袭的。

还有，万一大狗机器人出了故障，普通士兵也无法修理它。想来想去，美军还是选择了用骡子。当然，虽然不能用于运输装备，但有人认为，大狗机器人还可以当作战兵器。给它装上武器，就可以上前线杀敌了。

你别说，还真有国家这么干了。俄罗斯也制造了自己的大狗

第四章
人工智能的未来

机器人，在上面装上了机枪和火箭炮。士兵们不用冲上战场，躲在后方遥控武器就可以消灭敌人。

注意，虽然拿着武器的是大狗机器人，但最终决定开枪的还是遥控器那头的人类。那么，如果给大狗机器人加上面部识别系统，让它识别出敌人自动开枪，岂不是连遥控人员都省了？把大狗机器人往战场上一扔，就可以坐等战斗结束，是不是很省事？

在这件事情上，很多科学家不同意，因为它太危险了。2017年，一个科学家团队在网上公布了一段视频，说的是恐怖分子掌握了AI技术，给无人机装上了人脸识别系统，这种人脸识别技术很厉害，就算你戴上口罩，捂着半边脸都没有用。另外，他们在这种无人机上绑上了炸药，一旦识别出人脸，无人机就会冲过去引爆炸药。听起来是不是非常可怕？

不过你不用担心，这个视频是科学家虚构出来的，目的就是为了引起大家对AI武器的重视。视频虽然是假的，但里面的技术却是真实存在的，正规的军队会用它来消灭敌人。

既然是程序，就有被黑客入侵的风险。如果黑客把好人的信息传输给机器人，机器人就可能会大开杀戒。而且，随着AI技术越来越发达，制造这样一台战争机器人会越来越简单。如果这样的技术落入坏人手里，那好人岂不是要遭殃了？

所以，在2017年，很多科学家一起签署了一封公开信。反对把AI技术应用到战争中，你熟悉的埃隆·马斯克、霍金，都在这份公开信上签了名。后来，越来越多的科学家也加入到了他们的阵营中。

可问题来了，AI技术虽然可以用来消灭坏人，但也有可能威胁到好人的安全，那AI技术究竟还要不要继续发展呢？

说到这里，我要教给你一个思考问题的方法，叫作辩证思维。

辩证思维

在生活中，我们特别喜欢说一件事好或者不好。但其实，事情都有两面性，也就是它既有好的一面也有坏的一面，我们做判断的时候不能太过绝对。比如大狗机器人，如果给它装上人脸识别系统和机枪，那它就是可怕的杀人机器；但如果给它装上医疗包和食物，那它就可以完成各种各样的救援任务。

用辩证的思维去看问题，你就会比别人看得更全面。这种思考方式，你以后在历史课上也会经常用到。在分析一个历史事件的时候，不要简单地说好或者不好，试着从不同的角度去分析它，你会得出更加可靠的结论。

现在科学家们提倡要加快研究人工智能技术，并不是因为他们没看到人工智能技术的问题。他们用辩证的思维分析之后，认为人工智能给人类带来的好处是多于坏处的。而且，我们也有足够多的时间来解决人工智能滥用这个问题。所以，现在应当继续发展人工智能技术。

28

信息安全

黑客是怎么偷走你的压岁钱的？

你一定在电影或文学作品里看到过"黑客"吧？只要有一台电脑，他们几乎能够做到任何事情——入侵路边的摄像头监控某个人，黑进银行系统转走别人的钱，甚至去军队的系统里偷取信息。

确实，黑客这个名字听起来就像躲在暗中搞破坏的人。但其实，黑客是英文单词 hacker 的音译，有很多精通编程的计算机高手都自称 hacker。所以，黑客并不一定都是坏人。而且你可能想不到，甚至有很多黑客在保护我们的信息安全。

▫ **打败黑客的三个秘籍**

无论是银行、QQ、微信，还是各种游戏、外卖软件，都有账

第四章
人工智能的未来

号密码，这个账号就相当于你的房间，密码就是你房间的钥匙。坏蛋黑客们最常干的一类事，就是登录你的账号，盗取你的信息。如果登录你的银行账号，说不定会把你的压岁钱全都偷走，是不是很可恶？

那黑客是怎么入侵别人的系统的呢？

最简单的入侵方法是暴力破解。说白了就是拿字母和数字一个个去试。假如你的密码是由纯数字组成的6位密码，理论上只有100万种可能性，黑客运气再差也只用试100万次就可以破解了。试100万次听起来不可思议，但对现代计算机的运算能力来说，简直是小菜一碟。黑客破解6位密码，要不了0.1秒，比你眨眼的时间还短。

如果你用的是字母和数字组合的6位密码，黑客5秒左右就能破解；如果你用的是12位的，计算机可能要花上几千年的时间才能破解，这几乎是不可能的。

说到这里，我就要告诉你第一个信息安全小秘籍了。在设置密码的时候，你要设置得尽可能长一些，并且要数字和大小写字母混用，这样一来，黑客就很难用暴力破解的方法试出你的密码了。

另外，黑客破解密码的时候，还有一个密码库，里面记录着特别常见的密码，什么123456789，abcd1234，这一类的密码虽

197

然也比较长，但黑客破解的时候会优先尝试这些密码，破解它们也用不了1秒的时间，所以这样的密码最好也不要用。

对于暴力破解，很多公司都有应对措施。银行卡密码虽然只有6位，黑客眨眼间就能破解，但只要密码连续输错3次或者5次，银行就会发现异常，把你的账户锁住，必须你本人去才可以解锁。

还有苹果手机的开机密码，如果总是输错，手机就会锁定一段时间。要是再输错，这个锁定时间会增加，这样一来，黑客就无法通过暴力破解的方法入侵了。

当然了，除了一个一个地试，黑客还有其他破解方法。现在几乎各种网站、App都要注册账号之后才能使用。但一些小公司因为技术有限，系统安全等级很低，黑客可以轻松入侵他们的数据库，直接盗取你的账号密码。

而这并不是他们的主要目的。在拿到账号密码后，黑客会用这个账号密码去其他网站碰运气，如果你所有网站的账号密码都是一样的，那你可就要遭殃了。

这里，我就要给你的第二个安全小秘籍了：不要在所有的平台使用同一个账号密码。如果你怕账号密码太多记不住，我教你一个方法，你可以只记两组账号密码。像银行、微信等和金钱有关的平台，用一组账号密码，这些平台安全级别比较高，黑客不容易入侵。其他不重要的平台，就用另一套账号密码注册，就算

第四章
人工智能的未来

这些账号密码泄露了，也不会对你造成太大影响。

不过，还有些黑客既不用入侵数据库，也不用一个个地试，他们会让你自己输入账号和密码。他们是怎么做到的呢？

某一天，你收到一封邮件或短信，告诉你，你的银行卡密码泄露了，赶紧点击附带的链接去修改密码。

如果你真的点进这些链接修改密码，那你就中计了。这个链接是假的，而你在这个链接里的所有操作都会被记录下来，黑客就拿到了你的银行卡卡号和密码。

这里，我要告诉你第三个安全秘籍：如果要修改账号密码，要去对应银行的 App 或者官网修改，不要轻易点开短信或者邮箱里的链接。

当然了，随着技术进步，很多平台也用上更厉害的防护措施以阻挡黑客。比如需要用指纹或者面部识别来解锁。对黑客来说，这两样东西可不好偷，总不能把你的脸或者手指头偷走吧？

不过，黑客们可都是找漏洞高手，只要安全系统里有漏洞，就有可能被他们钻空子。就连先进的人工智能技术也不例外。

他们会在照片里增加了一些细微的背景干扰，这些干扰用人类的眼睛是识别不出来的，但会干扰人工智能的判断，这就是图像识别算法上的漏洞。

利用这种漏洞，黑客可以继续入侵我们的账户。比方，世界上有一个比赛"国际安全极客大赛"。2019年的比赛项目就是欺骗图像识别的人工智能算法。给小明的照片做些处理，人工智能就会把小明当成小红。如果黑客掌握了这种技术，就可能拿其他人的照片或者视频片段冒充成你，入侵你的账户。

另外，还有些科学家发现了人工智能技术的另一项漏洞。很多时候人工智能只能识别出完整的人体，一旦人身体的一部分被特殊物体遮挡就会干扰人工智能的判断。

想象一下，银行金库装有许多摄像头，一旦识别出人类，就会发出报警。这时只要利用这些能干扰人工智能的物体进行遮挡，就好像穿了隐身衣一样，就算你把金库搬个精光，摄像头也不会有任何反应。

即便是人工智能技术都有漏洞，那在黑客面前，我们要怎么办呢？

黑客的敌人

别着急，还记得我开头说过的，黑客并不一定都是坏人。还有一些黑客，他们叫白帽黑客，都是顶尖又正义的编程高手。

很多公司会雇用白帽黑客来攻击自己的系统，帮助自己找到系统漏洞，打上补丁，保护我们的信息安全。还有些机构会雇用

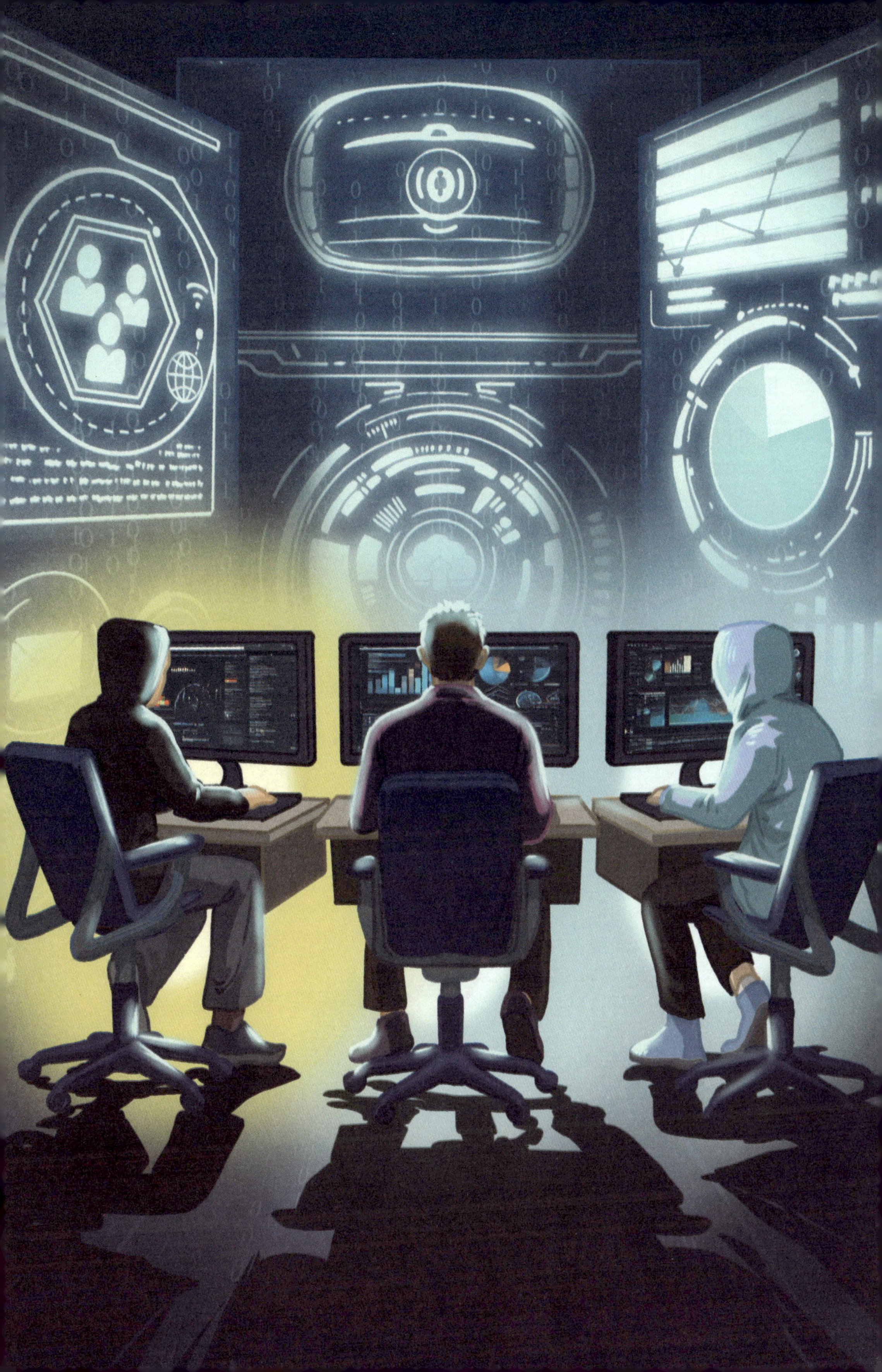

白帽黑客，搜集坏人的信息，找到他们犯罪的证据。

像前面说的参加国际安全极客大赛的参赛选手，还有发现人工智能漏洞的科学家都属于白帽黑客。这些白帽黑客每天都在对抗黑客。如果你以后成为特别厉害的程序员或者是计算机科学家，也可以成为一名酷酷的白帽黑客，保护大家的信息安全。

29 拆分问题

— 自动驾驶汽车为什么还没有普及？

如果你喜欢看科幻类的小说或电影，你一定见过自动驾驶汽车的身影。

蝙蝠侠的蝙蝠车就有自动驾驶功能。每当他从坏蛋手里救下人质，蝙蝠侠就会让蝙蝠车把人质送到安全的地方去，自己去和坏蛋决一死战。当坏蛋快要被打败时，蝙蝠侠又会给蝙蝠车下命令——5 分钟后来某某地方接我。这样打完坏蛋，蝙蝠侠就可以早早回家吃晚饭了。

听起来是不是很酷？你肯定也想有这样一辆自动驾驶的汽车吧？有了这种汽车，以后你们全家出去玩，爸爸妈妈就不用辛苦地开车了，你们可以在车厢里支一个小火锅，全家人吃着火锅唱着歌，别提多开心了！

不过我要告诉你，在短时间里，这样的自动驾驶汽车不太可能出现在我们的生活中。你可能会质疑,新闻里总是说自动驾驶汽车要来了。难道新闻是骗我们的?

自动驾驶难在哪里?

其实,早在100年前,科学家们就开始研究自动驾驶汽车了。可因为当时的技术太落后,搞来搞去,科学家们只搞出了类似于遥控汽车的东西,跟理想中的自动驾驶汽车差太远了。

和我们说的自动驾驶技术沾边的,是1939年科学家们造出的一种车。它是一种有轨电车,外形有点像公交车,但它有固定的轨道,只能沿着轨道开。它可以接收到轨道上传来的电信号,判断前方是不是有其他电车,如果靠得太近了,它还可以自动减速。不过这种车只能在轨道上跑,太不方便了。科学家就开始琢磨,能不能让普通汽车也有自动驾驶功能呢?

在1960年前后,科学家想了个好办法:把公路变成轨道。

当然了,他们不是真的要在公路上铺轨道,而是在公路下面埋上特殊的电缆。自动驾驶汽车能接收到电缆发出的信号,顺着电缆前进。后来,科学家还给这种电缆做了升级,不仅可以给汽车指路,还能告诉它,前面有没有其他车辆,帮汽车判断是否需要加速或减速。

第四章
人工智能的未来

这有点自动驾驶的意思了吧？可是按这个思路，我们要在每条公路下面都铺上这种特殊的电缆，这也太麻烦了。科学家就想，能不能让汽车自己看路，不用电缆给它指路呢？

没过多久，在 1980 年前后，雷达、摄像头技术逐渐成熟起来了。科学家们一看，这些东西不就是汽车的眼睛吗，而人工智能算法恰恰可以成为汽车的大脑。有了这些技术的帮助，自动驾驶汽车就能自己看见道路，能勉强在没有人的道路上开起来了。那到了今天，雷达、摄像头技术更厉害了，人工智能算法也比过去强了许多，自动驾驶技术应该已经成熟了吧？

确实，现在很多地方，比如矿山、码头，甚至是一些机场，都已经用上了自动驾驶汽车。但是在我们生活的城市里，还是几乎见不到自动驾驶汽车的影子。

因为我们身边的人工智能，不管是智能音响、扫地机器人还是自动驾驶汽车，都需要掌握三种能力：感知、分析判断和执行。

首先我们讲一下感知能力。对自动驾驶汽车来说，感知周围的环境并不困难，甚至可以说，它比人类的感知能力还要厉害。比如我们开车的时候，常常会顾前不顾后，顾左不顾右。但自动驾驶汽车就没有这个问题，它的雷达能做到 360 度无死角观察。所以在感知能力上自动驾驶汽车合格了。

再说说执行能力。虽然开车是件很不容易的事情，但你可以观察到，司机在开车时候，要执行的动作类型非常少。最基本的就是踩油门、踩刹车、转方向盘，有了这3个动作，车就能开起来了。再加上其他动作，打转向灯、按喇叭之类的，最多也不会超过10个。

对自动驾驶汽车来说，执行这10个动作简直是小菜一碟。而且它遇上紧急情况，也不会慌，不会错把油门当刹车。从这一点上来说，它也比人类靠谱，所以在执行上，自动驾驶汽车也合格了。

最后只剩分析判断这项能力了，这也是自动驾驶技术里最难的部分。自动驾驶汽车虽然能360度无死角地搜集信息。但在分析这些信息的时候，可能会出错。

其实在现实生活中，已经有很多汽车有自动驾驶系统了，但它们还不能做到完全的自动驾驶，只能辅助人类驾驶员完成一些简单的操作。

比如你可能听说过，特斯拉汽车的自动巡航系统，它就属于辅助系统。在2016年的时候，特斯拉的自动巡航系统就出现了一次失误，酿成了一场悲剧。

事情是这样的，有一位叫布朗的特斯拉车主，他在开车的时候打开了自动巡航系统。正如刚才所言，这个系统并不是真正意义上的自动驾驶，它可能会做出一些错误的判断，所以需要人类司机在旁边辅助。

布朗之前也经常用自动巡航功能，从没出过事故。所以这次打开自动巡航之后，他就什么都不管了，在车上看起了《哈利·波特》电影。在这个过程中，汽车的自动巡航系统发出了7次警报，提醒布朗要握好方向盘，小心看路。但布朗太放心了，没把警报当回事。结果悲剧发生了——布朗的车直直地撞上了一辆白色大货车，当场死亡。事故发生后，大家经过分析认为，特斯拉的自动巡航系统肯定看见大货车了，但在分析画面的时候，它可能把白色货车当成了一片白云，所以就直接冲了过去，连刹车都没踩。

另外，如果布朗听到警报声后老老实实地握着方向盘，注视前方，是可以发现大货车并轻松避开的，可惜他看电影实在太专心，这才酿成了悲剧。

你看，就算自动驾驶汽车在做判断的时候正确率可以达到99.9%，但还是有0.1%的可能会出错。而对人类来说，这0.1%就可能是致命危险。所以，在分析判断这项能力上，自动驾驶汽车没能过关。

办成一件大事需要几步？

听到这你可能会问，因为这一点点出错的可能性，就放弃自动驾驶，是不是太可惜了？要是科学家一直没想出好的解决办法，

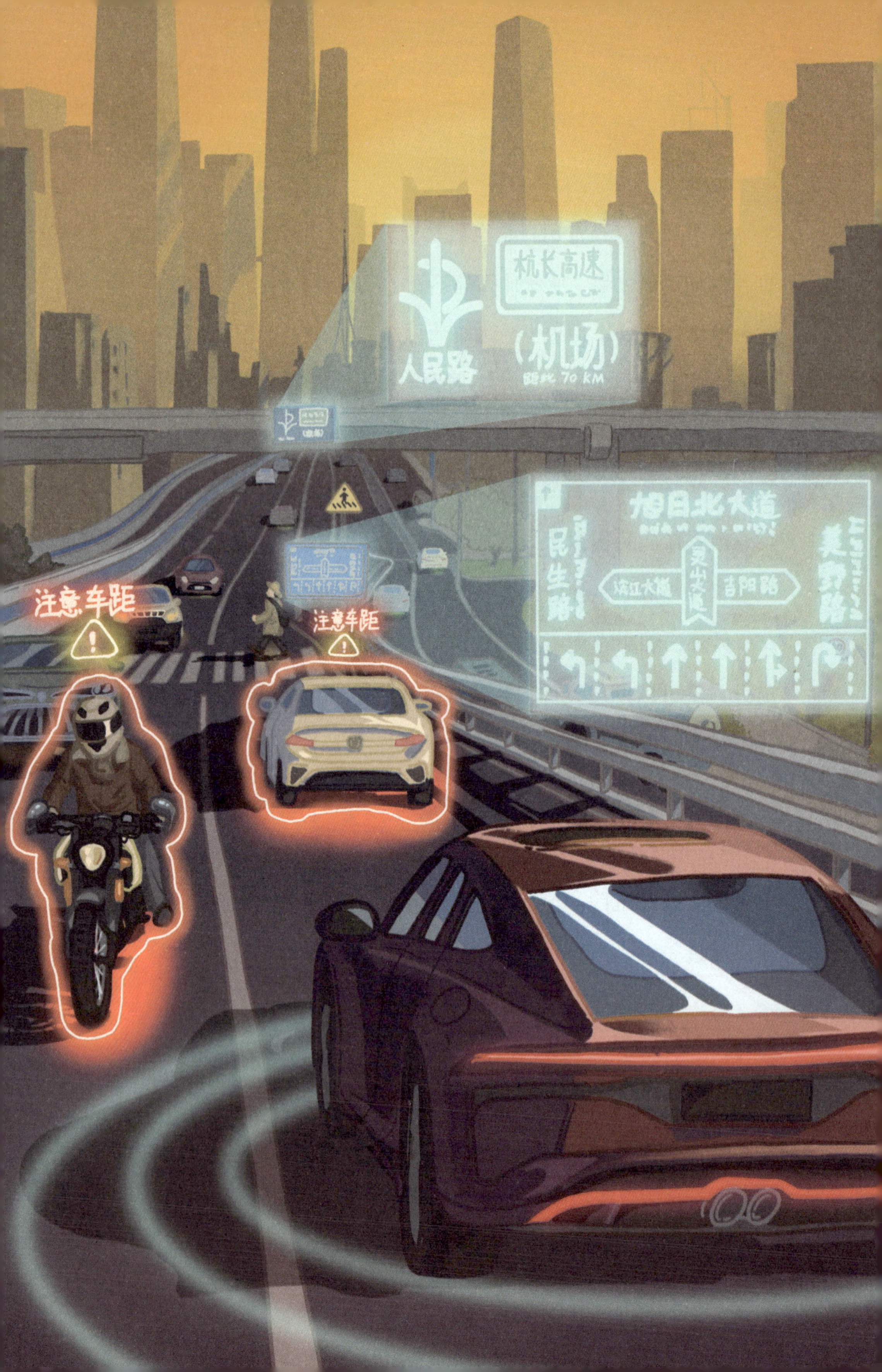

杭长高速
(机场)
人民路
距此 70 KM
旭日北大道
民生路
吉阳路
注意车距
注意车距

第四章
人工智能的未来

难道要一直等下去？

别着急，对于这种短时间里解决不了的复杂问题，人们早就找到了有一种应对方法，那就是拆解问题，一小步一小步地完成。

比如，既然我们不能一步造出完美的自动驾驶汽车，就先退一步，造出能够应付大部分情况的自动驾驶汽车，科学家称这样的汽车为有条件的自动驾驶汽车。

对于比较简单的路况，这种有条件的自动驾驶汽车是可以应付的。等出现了复杂的路况，比如周围的车流量或者是行人变多了，就交给人类驾驶员处理。

你在新闻中看到的自动驾驶汽车说的其实就是这个阶段的自动驾驶汽车。这种自动驾驶汽车的技术要求没有那么高，人们稍微努力一下就能做到。等这个技术成熟之后，人类又积累了大量的经验，再去造完全自动驾驶的汽车也就更容易了。

其实，这种把复杂问题拆分成几个阶段的做法，你在生活中也能用到。假如你想在考试中成为全年级第一名，这听起来就不是件容易的事情。你很可能学

着学着就想放弃。这时候你可以把这个目标拆解一下。

第一阶段，先补习自己最薄弱的几门学科。

第二阶段，向其他同学请教学习方法，总结出最适合自己的。

完成了这两个阶段之后，就可以尝试去争取一下全年级第一名了。

30

乌鸦智能

人工智能的未来

机器人"造反"的情节在科幻电影里很常见。在电影《机械姬》里，机器人艾娃杀死自己的创造者，逃出了实验室；在《复仇者联盟》里，人工智能奥创想消灭人类。而现实生活中，人工智能已经变得越来越厉害了，科学家不禁发出疑问，将来它们会不会反抗人类呢？

鹦鹉智能 VS 乌鸦智能

加州大学洛杉矶分校的科学家把人工智能分成了两类：鹦鹉智能和乌鸦智能。

人工智能专家认为，鹦鹉虽然很聪明，还能学人类说话，但它们并不理解说出的话是什么意思，只是单纯地模仿。往往它们学了一句话，无论回答什么问题都用这句。你问它吃饭了吗？它说吃了。你问它你哥哥去哪里了？它也说吃了。

相比之下，乌鸦有更强的思考能力。你可能听过乌鸦喝水的故事了。实际上，乌鸦的智慧远超你的想象。在日本有一种乌鸦，甚至能把人类当工具使用——这种乌鸦喜欢吃核桃，但核桃壳很硬，它们自己啄不开。于是，聪明的乌鸦就把核桃扔到马路上，等汽车把核桃压碎了，就飞过去捡核桃仁吃。

但光是这样还不行，马路上车来车往的，乌鸦一个不小心就会被车撞到，核桃没吃到，小命可能就没了。怎么办呢？乌鸦就改进策略，它们学会了看红绿灯——绿灯亮起的时候，它们就把核桃扔到路上，让汽车把核桃给压碎；等红灯亮起，所有的车都停下来了，乌鸦就飞下去把核桃仁叼起来吃掉。

你看，乌鸦就不是简单地模仿，它们的思考方式和人类的有点相似。

人工智能专家认为，今天的人工智能技术，如AlphaGo、推荐算法、语音识别系统，都只是鹦鹉智能。它们只是在模仿人类的思考过程，并不理解自己为什么要这么做，不能自主思考。

这样的人工智能，它们的知识、技能是无法迁移到其他领域上的。比如AlphaGo就不可能去写诗，语音识别系统也无法给你推荐动画片。这样的人工智能当然也没什么好怕的，AlphaGo总

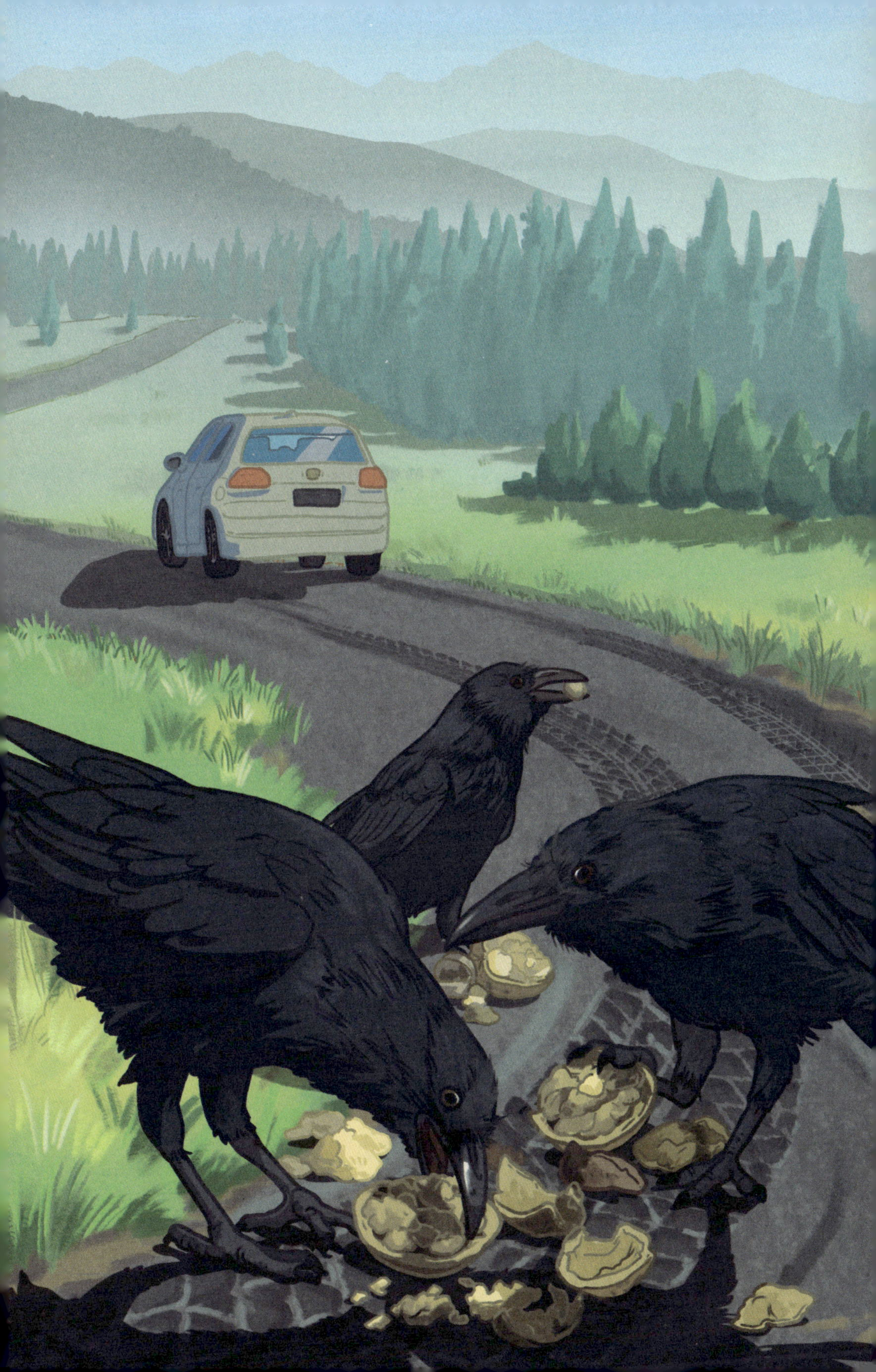

不能靠下围棋来统治世界吧。所以，也有人把这一类人工智能叫作弱人工智能。

相比之下，乌鸦智能就厉害多了，像《机械姬》里的艾娃就属于这类。"她"有自己的意识，能想办法逃出实验室，而且人类能做的事她都能做。这一类人工智能也被叫作强人工智能。想一想，它们也确实强得令人害怕。那么，人类能不能造出这样的人工智能呢？

目前为止，科学家做了很多尝试，但都还没有成功。

不过有一种研究方法看起来比较有可行性，而且也特别有意思。这种方法通过模仿生物进化的过程，让人工智能自己总结经验，学会思考。其中比较成功的一个项目，是让人工智能玩捉迷藏游戏。

模仿生物进化的人工智能

怎么玩呢？规则很简单，科学家在计算机里设置了一片场地，里面有红色小人和蓝色小人。在规定的时间里，只要红色小人抓住了蓝色小人，那红色小人就得1分，蓝色小人扣1分。如果红色小人没抓到蓝色小人，那蓝色小人就得1分，红色小人扣1分。

规则设置好后，科学家就让计算机自己玩捉迷藏游戏了。

第四章
人工智能的未来

场地里有一些箱子、木板这样的道具，红蓝小人都可以用。每完成一局比赛，红蓝小人都会总结经验，争取在下一局里变得更厉害，就像生物进化一样。

一开始，红色小人和蓝色小人的智慧还在意料之中，无非就是躲在房间的角落里。后来经过几百万次的训练，蓝色小人学会了用方块把门堵上，不让红色小人进来。红色小人也渐渐学会用木板搭一个梯子，闯进房间里。如果你是蓝色小人，会如何应对呢？

蓝色小人的办法是，在开局时先把木板搬进房间里，再用方块把门都堵上，这样红色小人就彻底没办法了。

而后，科学家改变了场地的环境，在场地里多放了一些道具。在这种环境下，经过几亿次的训练，红色小人和蓝色小人的技能又在不断提高，比如蓝色小人学会了用木板和箱子就地搭建小房子。

你看，本来是毫无智慧的红色小人、蓝色小人，在上亿次进化之后，居然也获得了这么高级的能力。如果我们虚拟出一个更真实、更复杂的环境，红色小人、蓝色小人能不能学会说话、写作业、打游戏，以及其他人类能干的事情呢？

听起来挺有希望的，但实际上要实现这一点还太遥远了。这主要是因为，人类对自己大脑的运作原理都了解得不够透彻。在这个基础上，想让计算机学会人类的思考方式，想让它们拥有人类的智能，这几乎是不可能的。

就拿刚刚说的进化路线来说吧，很多人尝试做类似的实验结果都失败了。有一位研究者做了一个狼捉羊的模拟实验。本质上跟前边说的捉迷藏游戏差不多，只是把红色小人和蓝色小人换成了狼和羊。不过，他在制定游戏规则时，为了督促狼更快地捕捉到羊，每过一秒钟就给狼扣掉0.01分，而狼捕捉到羊可以得到10分。

结果，在进行了20万次实验后，出现了一个非常奇怪的现象：狼的心理崩溃了！每次游戏一开局，狼就对着石头撞了起来，直到把自己活活撞死。

怎么在捉迷藏游戏中红色小人和蓝色小人都逐渐变得更加厉害，而在狼捉羊的实验中狼就只学会自杀了呢？原来，在这个游戏里，狼实在是太难捉到羊了，与其等下去每秒钟都要扣分，那还不如一开局就死了算了，扣分扣得还少一点。

你看，在相似的实验中，人工智能的行为完全不一样，有的学会了聪明的策略，有的却崩溃到自杀。要想通过这种方法，获得非常高级的人工智能，真的是很难的一条路。

或许，我们需要在生物学、数学、物理、化学等学科上都取得更大的突破，才有可能造出强人工智能，这件事很可能要靠你来完成了。所以，至少现在，你压根不用担心人工智能会站起来反抗人类。

结语

当合上这本书的最后一页,你已不再是那个对编程思维与人工智能感到陌生的探索者。从算法逻辑的拆解,到机器学习模型的构建,每一次思维的碰撞,都如同在数字世界中点亮一盏灯,照亮我们认知未来的道路。这让我不禁联想到世纪之初互联网科技的爆发,它彻底重塑了人类的生活与社会形态,而如今,人工智能时代的大幕才刚刚拉开,且正以令人惊叹的速度展开。

近段时间,人工智能技术的迭代堪称日新月异。以大模型为例,GPT-4.5、Gemini2.0、DeepSeek-V3等相继问世,它们凭借千亿级参数与强大的跨任务、跨模态处理能力,极大拓展了人工智能的边界。从高质量的自然语言理解,到精准的代码生成、复杂的数据分析,再到充满创意的智能创作,大模型的应用范畴持续拓宽,不断刷新人们对其能力的认知。

与此同时，具身智能的发展也不容小觑，它成功将人工智能从数字世界延伸至物理世界，使智能机器人得以在现实环境中感知、规划、决策与执行，通过对现实数据的学习实现智能水平的飞速进化。在这场技术变革中，"物理图灵测试"的出现，更是为我们带来全新的思考维度。当机器人在现实世界中，凭借精密的算法与强大的学习能力，完美完成复杂任务，甚至让我们难以分辨工作究竟是由人类还是机器完成的时，我们不得不正视：一个充满未知与挑战的新时代已然来临。

　　但请青少年朋友们记住，挑战往往与机遇并存。编程思维赋予我们解构问题、创新求解的能力，而人工智能则是实现这些奇思妙想的强大工具。面对未来，无论是攻克 AI 伦理难题，还是突破技术瓶颈，都需要我们以更开放的心态、更扎实的思维基础去迎接。

　　此刻的学习，只是我们迈向未来的第一步，前方还有无数可能等待着我们去探索、去创造。愿你带着从本书中收获的思维力量，在人工智能的浪潮中勇立潮头，成为推动技术进步的未来科学家。